AF641887

WTB

BAND 46

Hans-Werner Nolte

Pflanzenschutz in der Landwirtschaft

Mit 25 Abbildungen und 2 Tabellen

AKADEMIE-VERLAG · BERLIN
1967

Reihe BIOLOGIE
UND LANDWIRTSCHAFTSWISSENSCHAFTEN

Herausgeber:

Prof. Dr. H. Borriss, Greifswald
Prof. Dr. E. Hofmann, Magdeburg
Prof. Dr. J. O. Hüsing, Halle/Saale
Prof. Dr. M. Klinkowski, Aschersleben
Prof. Dr. R. Schick, Groß-Lüsewitz
Prof. Dr. W. Schwartz, Hamburg

Verantwortlicher Herausgeber dieses Bandes

Prof. Dr. Dr. h. c. M. Klinkowski

Verfasser

Prof. Dr. Hans-Werner Nolte

Aschersleben

Erschienen im Akademie-Verlag GmbH,
108 Berlin, Leipziger Straße 3–4
Copyright 1967 by Akademie-Verlag GmbH
Lizenznummer: 202 · 100/471/67
Gesamtherstellung: VEB Druckerei „Thomas Müntzer“, 582 Bad Langensalza
ES 22 F
Bestellnummer: 7046 · 8,–

Vorwort

Krankheiten und Schädlinge mindern unsere Ernteerträge. Es ist nicht möglich, Höchsterträge ohne richtige Pflanzenschutzmaßnahmen zu erreichen. In den nachfolgenden Ausführungen werden die wichtigsten Krankheiten und Schädlinge unserer landwirtschaftlichen Kulturpflanzen und die Möglichkeiten ihrer Bekämpfung behandelt. Dabei sind die landwirtschaftlich genutzten Gemüsepflanzen bewußt außer Acht gelassen worden, weil ihre Krankheiten und Schädlinge sowie deren Bekämpfung in dem in der gleichen Reihe erschienenen Taschenbuch „Pflanzenschutz im Gartenbau" von Martin SCHMIDT behandelt wurden. Ebenso sind alle Krankheiten und Schädlinge nicht berücksichtigt, die für Spezialkulturen oder für den Vermehrungsanbau eine Rolle spielen. In das Literaturverzeichnis wurden außer den im Text zitierten Veröffentlichungen auch solche aufgenommen, in denen ausführlicher über die einzelnen Krankheiten und Schädlinge berichtet wird.

Aschersleben, im Februar 1966

HANS-WERNER NOLTE

Inhaltsverzeichnis

Wann ist eine Pflanze krank?

Eine Pflanze wird als „krank“ bezeichnet, wenn durch eine Schadursache ihr normaler Lebensprozeß in irgendeiner Form gestört oder lebensgefährlich bedroht wird. Das Krankheitsbild kann sehr verschieden sein. Hauptsymptome sind nach MÜHLE Verfärbungen, Welkeerscheinungen, Dürreerscheinungen, Ausscheidungen, Umfallerscheinungen, Organverunstaltungen, Wachstums- und Entwicklungsdepressionen, Wachstums- und Entwicklungsprogressionen, Organumbildungen, Organvermehrungen und Beschädigungen, zu denen mechanische Gewebezerstörungen, scheinbare Gewebeverluste (Gewebeschwund) und echte Gewebeverluste gehören. Sie können die ganze Pflanze oder nur bestimmte Organe betreffen. Die Schadursachen sind infektiöser (belebter, biotischer) oder nichtinfektiöser (unbelebter, abiotischer) Natur.

Bei landwirtschaftlichen Kulturpflanzen interessiert zumeist die Erkrankung der Einzelpflanze nicht. Von praktischer Bedeutung ist die Erkrankung eines gewissen Anteiles oder aller Pflanzen eines Bestandes. Wir können daher auch von „Bestandeskrankheiten“ sprechen. Neben den infektiösen und nichtinfektiösen Ursachen, die sich direkt auf die Einzelpflanze auswirken, spielen im Rahmen dieses erweiterten Begriffs auch die Unkräuter als Erreger einer „Bestandeskrankheit“ eine Rolle, die als Konkurrenten den Kulturpflanzen gefährlich werden.

Organismen und Faktoren, die die Gesundheit der Nutzpflanzen bedrohen, sind vom Standpunkt des Menschen aus „schädlich“. Welche Bedeutung einem

Schadfaktor oder einem Schadorganismus zukommt, hängt von der Art der Schädigung ab. Der Tod einer Nutzpflanze ist stets ein hundertprozentiger Verlust. Ein totaler Schaden liegt aber auch dann vor, wenn nur der Pflanzenteil vernichtet wird, der genutzt werden soll. Dabei spielen sowohl die quantitative wie die qualitative Minderung eine Rolle. Verhinderung des Samenansatzes beim Getreide bedeutet totalen Ertragsausfall. Schädigung der Getreidekörner durch Wanzen führt zumeist nur zur Ertragsminderung und zur Herabsetzung der Qualität.

A. Krankheitsursachen und Schaderreger

I. Nichtinfektiöse Faktoren

Unsere Nutzpflanzen sind wie alle Lebewesen von der belebten und der nichtbelebten Umwelt abhängig. Aus der unbelebten Umwelt wirken sich vor allem die **Witterungsfaktoren,** der Boden und die Ernährungsbedingungen für das Gedeihen der Pflanzen aus.

Der für ein bestimmtes Gebiet beobachtete langjährige Witterungsverlauf, das Klima, bestimmt, ob unter den gegebenen Bedingungen eine Pflanze überhaupt angebaut werden kann. An tropische oder subtropische Verhältnisse angepaßte Pflanzen gedeihen in gemäßigten Klimazonen nicht und umgekehrt. Darüber hinaus entscheidet die Witterung eines jeden einzelnen Jahres über gutes oder schlechtes Wachstum. Kälteeinwirkungen bei der Aussaat oder beim Auspflanzen beeinträchtigen Keimung und Auflauf oder hemmen das Jugendwachstum der Pflanzen. Starke Fröste, insbesondere ohne schützende Schneedecke, verursachen **Auswinterung** der Wintersaaten.

Durch die tiefen Temperaturen werden die Pflanzen abgetötet, sie erfrieren, oder sie werden nur geschwächt, aber dadurch für die Einwirkung anderer — zumeist belebter — Schadfaktoren anfällig. Die Rapsauswinterung ist z. B. häufig die Folge des direkten Erfrierungstodes eines Teils der Pflanzen und der Vernichtung der durch die tiefen Temperaturen geschwächten Pflanzen durch die Larven des Rapserdflohes. **Frühfröste** (Herbstfröste) können sich bei noch im Boden befindlichen Rüben auswirken, wenn die Temperatur des Rübenkörpers selbst auf —1 °C absinkt. Sie werden oft auch den Kartoffeln und Rüben in den Mieten gefährlich, wenn diese noch nicht richtig abgedeckt sind. **Spätfröste** (Maifröste) hemmen das Wachstum der Kartoffeln. Bei nicht schoßresistenten Rübensorten wird das Schossen begünstigt. Junge Getreidepflanzen können erfrieren, bei schossenden Pflanzen kann frostbedingte Weiß- oder Taubährigkeit auftreten. Hitze und Trockenheit führen zu einer allgemeinen Schwächung der Pflanzen.

Langanhaltende **Trockenheits**perioden verursachen Notreife und Ertragsminderungen (kurzes Stroh und mehr oder weniger taube Ähren beim Getreide, schlechter Knollenansatz bei Kartoffeln und kleine Knollen usw.). Direkte **Hitze**einwirkung auf oberflächlich liegende Kartoffelknollen bewirkt Schwarzherzigkeit.

Stärkere **Niederschläge** nach langer Trockenheit regen die kleinen Kartoffelknollen zu erneutem Wachstum an. Durchwuchs, Kindelbildung, Zwiewuchs sind die Folge. Bei Trockenheit im Herbst welken die Rübenblätter vorzeitig, die Rübenerträge bleiben niedrig; Herbstsaaten werden im Auflauf geschädigt.

Die landwirtschaftlichen Kulturpflanzen sind nicht nur vom Klima und vom Witterungsverlauf abhängig, sondern auch vom **Boden**. Durch richtige Bodenpflege müssen Untergrundverdichtungen, Bodenverkrustungen und Bodenverschlämmungen vermieden werden, die die Wasserversorgung beeinträchtigen, Wurzelmißbildungen, Zwiewuchs der Rüben usw. verursachen und zu Luftmangel und damit Förderung von Auflaufkrankheiten wie Wurzeltöterkrankheit der Kartoffel, Wurzelbrand der Rüben, Abschnüren des Mohns u. a. führen.

Neben den physikalischen Faktoren spielen die chemischen Eigenschaften eine bedeutende Rolle. Überwachung und Regulierung der Bodenreaktion sind ein wichtiger Faktor zur Verbesserung der Bodenfruchtbarkeit. Säureempfindlich sind vor allem Gerste und Weizen (Gelb- und Braunverfärbung der Blätter), ein Überschuß an Kalk kann Mangelkrankheiten begünstigen.

Durch richtige Düngung wird die harmonische Ernährung der Pflanze gewährleistet. Neben den mit organischen oder mineralischen Düngern gegebenen unbedingt erforderlichen Nährstoffen spielen bestimmte Spurenelemente eine Rolle. Wenn sie fehlen oder infolge ungünstiger Bodenreaktion gebunden sind und von der Pflanze nicht aufgenommen werden können, treten **Mangelkrankheiten** in Erscheinung. Die Dörrfleckenkrankheit des Hafers beruht auf Manganmangel, die Heidemoorkrankheit des Getreides und vieler Gräser auf Kupfermangel, die Herz- und Trockenfäule der Rüben auf Bormangel usw..

Gedeiht eine Pflanze nach wiederholter Aufeinanderfolge auf der gleichen Fläche nicht mehr, so sprechen wir von einer **Bodenmüdigkeit**. Damit ist der Zustand eines Bodens charakterisiert, jedoch nichts über die Ursachen ausgesagt. Bodenmüdigkeit kann die Folge allgemeiner Nährstoffarmut, Verarmung an bestimmten Nährstoffen, Veränderung der physikalisch-chemischen Beschaffenheit, Fehlen bestimmter Spurenelemente, Entstehung von Hemmstoffen bei der Zersetzung von Wurzelresten, Schädigung durch arteigene oder artfremde Wurzelausscheidungen (Toxin-Theorie), Veränderung der Lebensgemeinschaften im Boden durch Verdrängung bestimmter Bodenorganismen durch die Pflanzen oder durch Mikroorganismen sowie Übervermehrung bodenbürtiger Krankheitserreger (Bakterien, Pilze) und tierischer Schädlinge (vor allem Nematoden) sein. Die den Boden negativ beeinflussenden Faktoren mindern auch die Bodenfruchtbarkeit. Rechtzeitiges Erkennen der

Schadursachen sowie deren Ausschaltung tragen wesentlich mit zur Verbesserung der Bodenfruchtbarkeit bei.

Auch **chemische Substanzen** können Ursachen von Pflanzenschäden sein. Durch Abgase, Flugasche usw. größerer Industriewerke entstehen Rauchschäden, die als Blattflecken, Absterben der Blattränder, Verfärbungen der ganzen Pflanzen usw. in Erscheinung treten können. Auch Industrieabwässer können den Pflanzen gefährlich werden. Vermeidbar sind an sich die leider noch häufig auftretenden Schäden durch falsche Anwendung von Pflanzenschutzmitteln und Mineraldüngern. Zu hohe Aufwandmengen oder Überdosierungen bei Pflanzenschutzmaßnahmen, Bestandsbehandlungen in der Mittagshitze, Spritzen mit zu kaltem Wasser usw. verursachen Verbrennungen an Blättern und jungen Trieben oder Absterben der ganzen Pflanze unter Vergilbungs- und Welkeerscheinungen. Bei der Unkrautbekämpfung werden oft Schäden durch Nichtbeachtung der Anwendungsvorschriften oder Verwechselung der Mittel hervorgerufen. Durch Kopfdüngung zum falschen Zeitpunkt können ebenfalls Verbrennungen — vor allem bei breitblättrigen Pflanzen — verursacht werden. Einseitige Stickstoffüberdüngung macht die Pflanzen anfälliger für infektiöse Krankheiten.

Schlechtes Gedeihen der Pflanzen kann darüber hinaus auch durch **Kulturfehler** bedingt sein. Als solche seien z. B. genannt: Pflügen ungenügend abgetrockneter Böden, zu tiefe, zu frühe oder zu späte Saat, Verletzung der Pflanzen bei der maschinellen Bearbeitung, falsche Fruchtfolge. Solche Schäden äußern sich durch Wachstumshemmungen, schlechte Wurzelausbildung, Anfälligwerden gegen Krankheitserreger sowie — bei Verletzungen — durch Förderung von Verbrennungsschäden bei chemischer Bekämpfung, auch wenn die richtigen Präparate in der richtigen Aufwandmenge ausgebracht werden.

II. Viruskrankheiten

Als **Virus** bezeichnen wir einen hochmolekularen Eiweißkörper, der sich in der menschlichen, tierischen oder pflanzlichen Zelle vermehren kann und den infizierten Organismus krank macht. Mit dem Elektronenmikroskop sind einige Viren als stäbchen-, faden- oder fast kugelförmige (isometrische) Körper nachweisbar. Über die Natur der Viren kann noch nichts ausgesagt werden. Der Auffassung, daß es sich um unbelebte chemische Substanzen handelt, die unter dem Einfluß der Zelle vermehrt werden, stehen Ansichten gegenüber, nach denen die Viren einfach organisierte Lebewesen oder rückgebildete Organismen sind. Tatsache ist, daß eine infizierte Pflanze unter bestimmten Symptomen erkranken kann, jedoch nicht muß. Viren können nämlich auch in Pflanzen vorhanden sein, die keine äußerlich erkennbaren Krankheitssymptome zeigen, die Infektion ist in diesem Fall „latent", d. h. dauernd unsichtbar, oder „maskiert", d. h. zeitweilig nicht erkennbar.

Die phytopathogenen Viren werden in „persistente" und „nichtpersistente" eingeteilt. Persistente Viren werden erst nach längerer Saugzeit an der Pflanze vom Vektor erworben. Sie können auch erst nach einer gewissen Zeit wieder auf gesunde Pflanzen übertragen werden. Nichtpersistente Viren werden bereits kurze Zeit nach Aufnahme durch den Vektor auf gesunde Pflanzen übertragen.

Die äußeren **Krankheitserscheinungen** bei Virosen sind sehr mannigfaltig. Am bekanntesten ist das Blattmosaik mit ungleichmäßiger Hell- und Dunkelfärbung der Blattspreite. Auch Aderaufhellungen, Ring- und Bandverfärbungen deuten auf eine Viruskrankheit. Darüber hinaus können Nekrosen, Wellungen, Rollungen der Blätter, Verunstaltungen der Triebe, Kümmerwuchs oder hexenbesenartiger Wuchs, Vergrünungen der Blüten, Mißbildungen der Früchte als Symptome in Erscheinung treten. Allein aus dem äußeren Krankheitsbild läßt sich jedoch nicht mit Sicherheit auf eine Virose schließen, da ähnliche Symptome auch bei anderen Erkrankungen auftreten können. Eine genaue Untersuchung mit Hilfe besonderer Nachweismethoden, von denen hier die Übertragung des Virus auf Testpflanzen, der serologische und der elektronenmikroskopische Nachweis genannt seien, ist zumeist erforderlich.

Viren können durch Pfropfung, mechanisch, durch Schmarotzerpflanzen (Seide-Arten), nach neueren Ergebnissen auch durch Pilze oder durch tierische Vektoren von Pflanze zu Pflanze verbreitet werden.

Bei der mechanischen Übertragung gelangt virushaltiger Pflanzensaft in Wunden einer gesunden Pflanze. Das kann auch bei Berührung und Aneinanderreiben von Pflanzenteilen im Zuge von Kultur- und Pflegemaßnahmen geschehen. Als tierische Vektoren spielen vor allem saugende Insekten und unter diesen in erster Linie Blattläuse und Zikaden eine Rolle. Mechanisch übertragbare Viren werden auch von fressenden Insekten, z. B. Heuschrecken von Pflanze zu Pflanze verschleppt.

Seit einigen Jahren ist bekannt, daß auch freilebende Nematoden als Virusvektoren eine Rolle spielen. Aus dem Pflanzenreich haben die Seide-Arten als Vektoren Bedeutung. Einige Viren sind samenübertragbar, andere auch pollenübertragbar.

Die **Heilung** virusverseuchter Pflanzen durch Wärmetherapie ist bei einigen Virosen möglich. In erster Linie spielen aber hygienische Maßnahmen und die Bekämpfung der Vektoren eine Rolle. Zu ersteren gehören: Vermeidung der mechanischen Übertragung bei Kulturmaßnahmen, z. B. beim Pflücken der Tabakblätter, Schneiden der Kartoffelknollen usw.; Verwendung virusfreien Saat- und Pflanzgutes, rechtzeitige Vernichtung der Unkräuter, die Wirtspflanzen vieler Viren sein können, Verlegung der Saat- und Pflanztermine, frühzeitige Ernte, Anbau resistenter oder zumindest toleranter Sorten u. a.. Durch die Vektorenbekämpfung wird eine Infektion zwar nicht verhindert, aber weitgehend gemindert.

III. Pflanzliche Kranheitserreger

Unter den krankheitserregenden Organismen aus dem Pflanzenreich spielen die **Bakterien** eine erhebliche Rolle. Sie sind kugelförmig, stäbchenförmig, mit und ohne Sporenbildung, schraubenförmig gewunden oder stäbchenförmig mit echten Verzweigungen. Eine Anzahl von Bakterien tragen eine, zwei oder eine größere Anzahl von Geißeln, die eine aktive Fortbewegung ermöglichen. Die Bakterien sind einzellig und vermehren sich durch Teilung. Nach der Teilung können sie sich zu faden-, platten- oder paketförmigen Verbänden zusammenschließen, die jedoch keinen Zellverband im Sinne höherer Lebewesen darstellen.

Die Bakterien gehören zu den kleinsten Lebewesen. Ihre Größe schwankt je nach Art zwischen 0,5 und 100 µm. Ihr Verhalten auf künstlichen Nährböden ermöglicht die Bestimmung.

Bakterien treten oft sekundär in durch andere Ursachen geschädigten Pflanzen auf. Nur eine genaue Bestimmung und die Reproduzierung der beobachteten Krankheitssymptome nach Impfung gesunder Pflanzen aus durch Isolierung gewonnenen Reinkulturen ermöglichen eine Aussage darüber, ob es sich um eine Primärerkrankung der betreffenden Pflanze handelt. Durch Bakterien verursachte Pflanzenkrankheiten werden als **Bakteriosen** bezeichnet.

Die Bakterien dringen durch Wunden oder durch die Spaltöffnungen in die Pflanzen ein. Sie leben zwischen den Pflanzenzellen (interzellular) und verursachen durch enzymatische Ausscheidungen Fäulnis, z. B. die Schwarzbeinigkeit und Naßfäule der Kartoffel. Andere leben in den Zellen (intrazellular), sie können Gefäßverstopfungen (Gefäßbakteriosen) verursachen, die zu Welkekrankheiten führen, oder sie bringen die Zellen zum Absterben, es entstehen Nekrosen, z. B. Wildfeuer des Tabaks.

Durch von Bakterien ausgehende Reize kann auch eine Teilung und Vermehrung von Zellen veranlaßt werden, es kommt zu einer Tumorbildung z. B. beim Wurzelkropf der Rübe.

Ungleich zahlreicher als die Bakteriosen sind durch **Pilze** verursachte Krankheiten unserer Kulturpflanzen, die **Mykosen**. Gestalt und Lebensweise der Pilze sind sehr mannigfaltig.

Bei den primitiven Pilzen besteht der Vegetationskörper aus einer nackten, membranlosen Plasmamasse. Er bildet sich in seiner Gesamtheit zur Fruchtform um.

Bei allen übrigen Pilzen besteht der von einer Zellmembran umhüllte Vegetationskörper aus dünnen, zumeist reich verzweigten Fäden, den Hyphen, die ein Geflecht, das Myzel, bilden. Morphologisch veränderte Seitenhyphen, die der Befestigung auf der Pflanze dienen, werden als Appressorien bezeichnet, solche, die der Ernährung dienen, als Haustorien. Durch feste Verflechtung der Hyphen entstehen Dauerformen, die Sklerotien (z. B. Mutterkorn). — Vegetative Vermehrung erfolgt durch Zerfall von Hyphen (Oidien) oder durch Bildung von Sporen. Exogene Sporenbildung liegt bei den durch Abschnürung auf besonderen Trägerhyphen entstehenden Konidien vor, endogen entstehen Sporen in besonderen Zellen, den Sporangien, die unbeweglich (Sporangiosporen) oder — mit Geißeln versehen — beweglich (Zoosporen, Schwärmsporen) sind. Findet die Sporenbildung in aus Hyphengeflecht gebildeten rundlichen Gehäusen (Pyknidien) statt, handelt es sich um Pyknidiosporen. Höhere Pilze entwickeln Hauptfruchtformen d. h. mehr oder weniger charakteristische Organe, in denen der Befruchtungsvorgang stattfindet. Auch hier unterscheiden wir exogene und endogene Sporenbildung. Bei ersterer werden an ein- bis vierzelligen Trägern, den Basidien, 4 Basidiosporen abgeschnürt, bei letzterer entstehen in schlauchförmigen, als Asci bezeichneten Gebilden, 4 oder 8 Ascosporen.

Mehr oder weniger geschlossene kugel- oder krugförmige, die Asci einschließende Lager werden als Perithezien, offene, schalenförmige als Apothezien bezeichnet.

Die einzelnen Klassen der Pilze lassen sich wie folgt kurz charakterisieren: Die primitiven Pilze sind nackt, d. h. nicht von einer Zellmembran umgeben. Für die Fortpflanzung entstehen im Pilzkörper mit Geißeln versehene Zoosporen. Die Pilze leben parasitisch im Innern der Wirtszellen (Kartoffelkrebs, Pulverschorf der Kartoffel).

Die Algenpilze (*Phycomycetes*) bilden einen aus ungeteilten Hyphen bestehenden Vegetationskörper (Krautfäule der Kartoffel und andere Falsche Mehltaupilze).

Die Schlauchpilze (*Ascomycetes*) besitzen ein vielzelliges, gegliedertes Myzel. Die Hauptfruchtform besteht aus Asci ohne besondere Fruchtkörper, in Perithezien oder in Apothezien (Echte Mehltaupilze, *Sclerotinia* u. a.).

Die Ständerpilze (*Basidiomycetes*) haben ein vielzelliges, gegliedertes Myzel. Die Hauptfruchtform ist die Basidie. Die Basidien sind zumeist in Lagern besonderer Fruchtkörper (Rostpilze, Brandpilze, Hutpilze) vereinigt.

Die Unvollständigen Pilze (*Fungi imperfecti*) sind Hyphenpilze, deren Hauptfruchtform unbekannt ist (zahlreiche Blattfleckenerreger, Welkeerreger, Wurzeltöterpilze, z. B. *Rhizoctonia*).

Symptome der Mykosen sind: Überzüge, Fleckenbildungen, Welken der ganzen Pflanze oder einzelner Teile, Fäulnis und Wucherungen.

Unter den Blütenpflanzen gewinnen einige Arten als **Schmarotzerpflanzen** Bedeutung. Sie entziehen mit Hilfe besonderer Saugorgane den Wurzeln oder Stengeln der Kulturpflanzen die für sie erforderlichen Nahrungsstoffe. Zu den Wurzelschmarotzern auf landwirtschaftlich genutzten Flächen gehören die Klappertopfarten (*Alectorolophus* sp.), die als Halbschmarotzer noch grüne

Blätter besitzen, sich ohne Wirtspflanze aber nur kümmerlich entwickeln können, sowie die Würgerarten (*Orobanche* sp.), die als Vollschmarotzer nur bleiche Blätter besitzen. Die Seidearten (*Cuscuta* sp.) – ebenfalls Vollschmarotzer – verlieren ihre eigene Wurzel, sobald am Stengel gebildete Saugorgane (Haustorien) in die Wirtspflanze eingedrungen sind. *Alectorolophus*-Arten schädigen Getreide- und Grasarten, *Orobanche*-Arten schmarotzen auf Klee, daher auch als Kleewürger oder Kleeteufel bezeichnet, Mohrrüben, Rüben, Hanf, Tabak u. a.. *Cuscuta*-Arten treten in den Beständen vieler landwirtschaftlicher Kulturpflanzen auf. Befallene Pflanzen werden geschwächt oder sogar abgetötet. Die Samen der Schmarotzer werden mit dem Saatgut der Wirtspflanzen verschleppt.

Andere Blütenpflanzen sind als **Unkräuter** unerwünschte Konkurrenten unserer Kulturpflanzen. Sie entziehen dem Boden Wasser und Nährstoffe, verhindern bei Jungpflanzen Luft-, Licht- und Niederschlagszutritt, senken durch Beschattung die Bodentemperatur, begünstigen Versumpfung und Versäuerung des Bodens, hemmen als Schling- und Kletterpflanzen die Entwicklung der Wirtspflanzen und sind Zwischenwirte für Krankheitserreger und Schädlinge. Unkräuter, die sich nur durch Samen vermehren, werden als Samenunkräuter den Wurzelunkräutern gegenübergestellt, die sich sowohl durch Samen vermehren, wie durch unter- und oberirdische Ausläufer oder ausdauernde Wurzelstöcke, Zwiebeln und Knollen erhalten.

IV. Tierische Schädlinge

Zahlreiche, sich von pflanzlicher Substanz ernährende (phytophage) Tierarten spielen als Schädlinge der landwirtschaftlichen Kulturpflanzen auf dem Feld oder an den lagernden Vorräten eine Rolle. Ein Teil der tierischen Schädlinge ist wenig wählerisch. Solche

Arten sind polyphag, d. h. sie greifen eine mehr oder weniger große Zahl verschiedenartiger, zumeist auch nicht verwandter Pflanzen an, andere sind streng spezialisiert auf eine einzige Pflanzenart — ja zuweilen sogar nur bestimmte Pflanzensorten, sie sind monophag. Zwischen beiden Extremen stehen die oligophagen Tiere, die eine begrenzte Gruppe zumeist nahe verwandter Pflanzen angreifen.

Fadenwürmer (*Nematoda*); Die pflanzenparasitären Nematoden oder Älchen gehören zur Ordnung *Tylenchida* und zum Stamm *Nemata*. Es sind mikroskopisch kleine, langgestreckte, im Querschnitt runde Tiere, die mit einem kräftigen Mundstachel versehen sind, mit dessen Hilfe sie das Pflanzengewebe verletzen. Sie leben ektoparasitisch, nur mit dem Kopfstück in dem Pflanzengewebe verankert, oder entoparasitisch im Innern der Pflanzen. Ein Teil der Arten ist auf das Leben in oder an lebenden höheren Pflanzen angewiesen (obligate Parasiten), andere können sich sowohl von höheren Pflanzen wie von pflanzlichen Mikroorganismen des Bodens ernähren (fakultative Parasiten). Neben den parasitären Arten kommen in bereits erkrankten Pflanzen auch Nematoden ohne Mundstachel vor, die von Bakterien und anderen Mikroorganismen leben. Sie werden als Saprozoiten oder Saprobionten bezeichnet. — Zumeist sind die Nematoden auf bestimmte Pflanzenteile spezialisiert, Blatt, Stengel oder Wurzel. Die Blattälchen spielen in der Landwirtschaft keine Rolle. Unter den Stengelälchen kommt dem Stengel- oder Stockälchen (*Ditylenchus dipsaci* Kühn), das verschiedene „biologische Rassen" bildet, eine große Bedeutung zu. Die für die Landwirtschaft gefährlichsten Nematoden sind die Wurzelälchen der Gattung *Heterodera* mit vielen Arten, deren abgestorbene Weibchen als Zyste, die die Eier enthält, jahrelang im Boden verbleiben können. Der Entwicklungsgang dieser Arten ist für den Kartoffelnematoden ausführlich geschildert (S. 86). An oder in den Wurzeln leben auch die „wandernden" oder „freilebenden" Nematoden (z. B. die Gattungen *Pratylenchus, Paratylenchus, Rotylenchus, Xiphinema* u. a.). Die Nematoden schädigen die Pflanzen durch Nährstoffentzug, mechanische Zerstörung der Zellen und Gewebe, chemische Beeinflussung, die zu Mißbildungen führen kann, und Übertragung von Krankheitserregern (Bakterien, Pilze und Viren). Die

Schädigungen führen zu oft recht erheblichen Ertragsminderungen und zur Qualitätsverschlechterung.

Schnecken (*Gastropoda*): Unter den Weichtieren (Mollusken) sind die Schnecken gefährliche Pflanzenschädlinge. Ihr Körper ist ungegliedert und besitzt keine Gliedmaßen. Er ist bei den Nacktschnecken ungeschützt, die Gehäuseschnecken tragen ein spiralig gewundenes Kalkgehäuse. Die feuchtigkeitsliebenden Tiere halten sich tagsüber und während Trockenperioden zumeist verborgen. Bei hoher Luftfeuchtigkeit und nachts führen sie einen Schabefraß an Blättern, saftigen Trieben, sowie freiliegenden Knollen und fleischigen Wurzeln durch. Auf den angegriffenen Pflanzen hinterlassen sie Schleimspuren und Kothäufchen.

Tausendfüßer (*Myriapoda*): In Feldkulturen können die Doppelfüßer (Diplopoden) gelegentlich als Schädlinge an Knollen, fleischigen Wurzeln oder saftigen Trieben Bedeutung gewinnen. Die langgestreckten, im Querschnitt drehrunden und aus zahlreichen gleichförmigen Körperabschnitten (Segmenten) mit je zwei Beinpaaren versehenen harthäutigen Tiere fressen Gänge in die genannten Pflanzenteile.

Milben (*Acari*): Zu dieser Gruppe der Spinnentiere gehören winzige Gliederfüßer mit stechend-saugenden Mundwerkzeugen. Die an vielen landwirtschaftlichen Nutzpflanzen gefährlich werdenden Spinnmilben (*Tetranychidae*), Weichhautmilben (*Tarsonemidae*) und Modermilben (*Tyroglyphidae*), zu denen die Wurzelmilbe (*Rhizoglyphus echinopus* Fum. et Rob.) und die als Vorratsschädlinge bekannten Mehlmilben (*Tyroglyphus* sp.) gehören, haben im erwachsenen Stadium vier, in den Jungstadien drei Beinpaare. Das Kopfbruststück schließt sich dem gedrungenen, rundlichen Hinterleib an. Bei den Gallmilben (*Eriophyidae*) ist der Hinterleib langgestreckt, sie besitzen in allen Stadien nur zwei Beinpaare.

Insekten (*Insecta, Hexapoda*): Die Insekten sind deutlich in Kopf (Caput), Brust (Thorax) und Hinterleib (Abdomen) gegliedert. Die Brust trägt die drei Beinpaare und bei den geflügelten Arten zwei Paar Flügel. Die Fortpflanzung erfolgt durch Eier, die das Weibchen nach Begattung durch ein Männchen ablegt, oder bei Jungfernzeugung (Parthenogenese) durch Ablage unbefruchteter Eier bei Fehlen von Männchen. Von einigen Arten ist bisher nur die parthenogenetische Fortpflanzung bekannt, bei anderen wechseln Generationen ohne Männchen mit solchen mit Männchen ab (Blattläuse u. a.) oder das Weibchen legt nach erfolgter Begattung befruchtete und unbefruchtete Eier (Honigbiene, Ameisen). Aus dem Ei schlüpft eine Larve die sich nach mehreren Häutungen zum Vollinsekt (Imago) verwandelt (Metamorphose).

Eine unvollkommene Verwandlung (Heterometabolie) liegt vor, wenn die Larvenentwicklung direkt mit der Häutung zur Imago abschließt. Wird zwischen letztes Larvenstadium und Imago ein Ruhestadium, die Puppe, eingeschaltet, sprechen wir von einer vollkommenen Verwandlung (Holometabolie).

Die Larven der Insekten mit vollkommener Verwandlung sind im Aussehen sehr verschiedenartig. Die der Käfer sind sehr unterschiedlich gestaltet. Manche sind langgestreckt (Drahtwürmer) andere dickfleischig (Engerlinge, Kartoffelkäfer), die Larven vieler Arten sind langbehaart, andere nur mit kurzen Borsten versehen oder völlig glatt; sie sind entweder mit drei Paar Brustbeinen ausgestattet oder beinlos.

Die Raupen (Larven der Schmetterlinge) sind langgestreckt, oft bunt gefärbt, mehr oder weniger stark behaart, mit 3 Paar Brustbeinen und 2–5 Paar Bauchbeinen (Afterfüßen). Die Afterraupen (Larven der Blattwespen) sind den Raupen ähnlich, aber sie zeichnen sich durch den Besitz von 6–8 Paar Bauchbeinen aus, bis auf die Larven der Gespinstblattwespen mit nur wulstförmigen Nachschiebern. Die Maden (Larven der Fliegen) sind sämtlich beinlos und ohne deutlich erkennbaren Kopf.

Die Larven der Insekten mit unvollkommener Verwandlung sind den Vollinsekten weitgehend ähnlich.

Bei den Puppen werden unterschieden: Freie Puppen, die den Bau des Vollinsekts bereits erkennen lassen. Ihre Gliedmaßen liegen dem Körper frei an. Bei den bedeckten Puppen oder Mumienpuppen sind die dem Körper dicht anliegenden Gliedmaßen von einer Puppenhaut umgeben. Die Tönnchenpuppe läßt äußerlich keine Gliedmaßen und Körperkonturen des Vollinsekts erkennen, die eigentliche Puppe wird von der zusammengeschrumpften letzten Larvenhaut umgeben. Freie und bedeckte Puppen können in einem von der Larve gesponnenen Kokon gehüllt sein.

Die Entwicklungsdauer von der Eiablage bis zur geschlechtsreifen Imago (= eine Generation) ist für die einzelnen Insektenarten sehr unterschiedlich. Bei verschiedenen Insektengruppen können sich in einer Vegetationsperiode eine größere Zahl von Generationen entwickeln, bei anderen wird ein Jahr benötigt mit Entwicklungsruhe im Ei-, Larven-, Puppen- oder Imaginalstadium, andere Arten benötigen sogar mehrere Jahre für die Entwicklung.

Je nach dem Bau der Mundwerkzeuge unterscheiden wir zwischen fressenden und saugenden Insekten. Fressende Insekten leben äußerlich an den Pflanzenteilen oder als Minierer im Pflanzengewebe, in Gewebewucherungen (Gallen usw.), saugende Arten vornehmlich äußerlich, z. T. auch in Gallen. Alle Pflanzenteile können angegriffen werden, doch ist eine Art zumeist auf einen bestimmten Pflanzenteil spezialisiert. Sowohl Larven wie Imagines können schädlich werden, bei einer Anzahl von Arten aber auch nur die Larven oder nur die Imagines. Eine besondere Rolle spielen sie als Überträger von phytopathogenen Viren, Bakterien und Pilzen.

Nach der alten Systematik wurden die Insekten in zwei Unterklassen getrennt: Die *Apterygota*, primär ungeflügelte Urinsekten, und die *Pterygota*, im Imaginalstadium stets geflügelte oder nach Reduktion der Flügel sekundär flugunfähig gewordene Insekten. Heute sind die Urinsekten in vier Unterklassen aufgeteilt und der fünften Unterklasse, den geflügelten Insekten, gegenübergestellt. Die als Schädlinge landwirtschaftlicher Kulturpflanzen auftretenden Insektengruppen seien hier kurz charakterisiert:

Unterklasse **Springschwänze** (*Collembola*): Primär flügellose Urinsekten; klein weichhäutig, gestreckt oder kugelig; mit Hilfe einer auf der Unterseite des Leibes befindlichen Springgabel springende Fortbewegung möglich; feuchtigkeitsliebend; leben zumeist von verrotteten Pflanzenteilen auf oder in der Erde, können an keimenden Samen, Keimblättern, jungen Laubblättern und Faserwurzeln durch Schabe- und Lochfraß gefährlich werden.

Unterklasse *Pterygota*:

Ohrwürmer (*Dermaptera*): Langgestreckt; kurze deckenartige Vorderflügel, unter diesen zusammengefaltete, häutige Hinterflügel; am Hinterleibsende kräftige Zangen; unvollkommene Verwandlung.

Springheuschrecken (*Saltatoria*): Langgestreckt, groß; schmale, zumeist lange Vorderflügel, die stärker chitinisiert sind als die zusammengefaltet unter ihnen getragenen Hinterflügel; Vorderflügel können auch verkürzt sein oder beide Flügelpaare sind rückgebildet; unvollkommene Verwandlung; die Maulwurfsgrille mit schaufelähnlichen Vorderbeinen; bei Laubheuschrekken (*Tettigonioidea*) und Feldheuschrecken (*Acridioidea*) Hinterbeine zu kräftigen Sprungbeinen umgebildet; erstere mit langen, den Hinterleib überragenden Fühlern, Fühler der Feldheuschrecken kurz; zu letzteren gehören die gefährlichen Wanderheuschrecken.

Blasenfüße oder **Fransenflügler** (*Thysanoptera*): Kleine Insekten mit stechend-saugenden Mundwerkzeugen; beide Flügelpaare mit langen, borstenartigen Fransen, bei einigen Arten Flügel verkürzt oder ganz rückgebildet; zwischen den Klauen der Füße Haftblasen; unvollkommene Verwandlung mit 1–2 beweglichen, puppenähnlichen Nymphenstadien.

Wanzen, Ungleichflügler oder **Halbflügler** (*Heteroptera*): Körper flach; stechend-saugende Mundwerkzeuge; Vorderflügel zu etwa zwei Drittel verhärtet, Spitze häutig, Hinterflügel häutig; unvollkommene Verwandlung; direkte Pflanzenschädlinge und Vektoren von Viruskrankheiten.

Gleichflügler (*Homoptera*): In der Mehrzahl nicht abgeflachte Insekten mit stechend-saugenden Mundwerkzeugen; beide Flügelpaare häutig, in der Ruhelage zumeist dachartig über dem Hinterleib getragen. In der Landwirtschaft spielen folgende Gruppen eine Rolle:

Zikaden (*Cicadina*): Flügel dachförmig den Hinterleib überragend; Hinterbeine kräftige Sprungbeine.

Blattflöhe (*Psyllina*): Den Zikaden ähnlich, zarter gebaut, längere Fühler; Hinterbeine als Sprungbeine ausgebildet; Larven abgeplattet, können Wachs ausscheiden.

Blattläuse (*Aphidina*): Eiförmiger Körper, zumeist mit Rükkenröhren (Siphone) am Hinterleibsende; zeichnen sich durch Generationswechsel aus; im Frühjahr schlüpft aus dem befruchtetem Winterei die Stammutter (Fundatrix), die sich parthenogenetisch fortpflanzt; während der Vegetationsperiode Aufeinanderfolge mehrerer parthenogenetisch sich vermehrender Generationen; Geschlechtstiere (Sexuales) erst im Herbst; Generationswechsel bei vielen Arten mit Wirtswechsel verbunden; an Hauptwirt – zumeist Holzgewächse – wird befruchtetes Winterei abgelegt und entwickeln sich die Fundatrix sowie einige ungeschlechtliche Tochtergenerationen, im Sommer Überflug zu krautigen Nebenwirten, im Herbst Rückflug zum Hauptwirt; Weibchen der Sommergeneration z. T. ungeflügelt. Pflanzenschädigung durch Saftentzug. Verunstaltungen der Pflanzenteile und Virusübertragung.

Hautflügler (*Hymenoptera*): Vier häutige Flügel; beißende oder leckend-saugende Mundwerkzeuge; Larven Afterraupen oder madenartig; vollkommene Verwandlung; Hinterleib breit an Brust anschließend oder durch enge Einschnürung (Wespentaille) abgegliedert; phytophage Larven frei an Pflanzen, z. T. in Gespinsten oder in Gallen; z. T. Brutfürsorge, zumeist mit Staatenbildung; Pflanzenschädlinge u. a. die Blattwespen, Gallwespen, Faltenwespen und Ameisen.

Käfer (*Coleoptera*): Hart chitinisiert; kräftige, beißende Mundwerkzeuge; Vorderflügel harte Decken, Hinterflügel häutig, auch fehlend; vollkommene Verwandlung; Larven sehr verschieden gestaltet; freie Puppe; Larve und Imago schädlich oder nur Larve bzw. nur Imago.

Schmetterlinge (*Lepidoptera*): Vier große, beschuppte Flügel; Mundwerkzeuge als Saugrüssel ausgebildet, bei einigen Arten reduziert; Larven: Raupen mit beißenden Mundwerkzeugen; Mumienpuppe; nur Raupen schädlich.

Zweiflügler (*Diptera*): Vorderflügel häutig, Hinterflügel zu kleinen Schwingkölbchen (Halteren) rückgebildet. Larven der Schnaken und Haarmücken mit Kopfkapsel, beißenden Mundwerkzeugen und deutlich geringeltem Körper; beinlos; Larven der Gallmücken madenartig, Kopfkapsel zu einer Brustgräte reduziert; Nahrung wird aufgesaugt; Larven der gedrungener gebauten Fliegen werden als Maden bezeichnet; Tönnchenpuppe. An Pflanzen nur Larven schädlich, Stechmücken Ektoparasiten von Warmblütern, viele Fliegen als Krankheitsüberträger bei Warmblütern gefährlich.

Als Pflanzenschädlinge spielen weiterhin **Vögel** (Sperlinge, Finkenvögel, Krähen) sowie **Säugetiere** (Nagetiere, Wildschweine) eine Rolle.

V. Pflanzenschutz in der Landwirtschaft

Es ist grundsätzlich falsch, Pflanzenschutzmaßnahmen erst zu ergreifen, wenn die Kulturen ernstlich bedroht sind. Pflanzenschutz wird nur dann richtig verstanden, wenn alle Möglichkeiten genutzt werden, Ertragsverluste zu vermeiden. Wenn es auch nicht immer ohne den Einsatz chemischer Bekämpfungsmittel geht, so ist doch derjenige schlecht beraten, der in der Chemie das Allheilmittel zur Gesunderhaltung unserer Kulturpflanzen sieht. Die Pflanzen sind Lebewesen und können als solche nur gesund aufwachsen, wenn die Umweltbedingungen ihren Erfordernissen entsprechen. Kenntnis und Beachtung der Anforderungen, die unsere Kulturpflanzen an Klima, Standort, Ernährung und Pflege stellen, sind Pflanzenschutzmaßnahmen im weitesten Sinne des Wortes. Wir bezeichnen sie als **Pflanzenhygiene**. Es gehören dazu alle agrotechnischen Maßnahmen, die der direkten Förderung der jeweiligen Kulturpflanze dienen, z. B. richtige Fruchtfolge, Anbau unter Beachtung der Klimaansprüche, Berücksichtigung der Bodenverhältnisse, gute Bodenbearbeitung, den Ansprüchen der betreffenden Pflanze gerecht werdende Düngung, Auswahl gesunden Saat- und Pflanzgutes, Beachtung der richtigen Saat- und Pflanztermine, termingerechte und richtige Pflegemaßnahmen u. a.. Die Pflanzenhygiene erstreckt sich nicht nur auf die Vegetationszeit und den Feldbestand, auch nach der Ernte müssen Saat- und Pflanzgut sowie Konsumware durch Reinigung, Auslese und richtige Lagerung vor Vernichtung oder Schädigung durch Witterungseinflüsse, Krankheitserreger und Schädlinge geschützt werden.

Weitere wichtige Aufgaben der Pflanzenhygiene sind die Verhinderung der Ausbreitung und Verschleppung von Krankheitserregern und Pflanzenschädlingen. Auf diesem Teilgebiet der Pflanzenhygiene bietet der Staat unserer Landwirtschaft durch die „Elfte Durchführungsbestimmung zum Gesetz zum Schutze der Kultur- und Nutzpflanzen — Verhütung der Einschleppung von Pflanzenkrankheiten und -Schädlingen — vom 1. August 1960“ Schutz vor der Einschleppung gefährlicher Feinde unserer Kulturpflanzen aus anderen Ländern.

Landwirtschaftlich wichtige Quarantäneobjekte sind: Bakterienringfäule der Kartoffel (*Corynebacterium sepedonicum* Spieck. et Kotth.), Kartoffelkrebs (*Synchytrium endobioticum* (Schilb.) Perc.), Pulverschorf (*Spongospora subterranea* (Wallr.) Johnson), Seide-Arten (*Cuscuta* sp.), Würger-Arten (*Orobanche* sp.), Kartoffelnematode (*Heterodera rostochiensis* Wr.), Kartoffelmotte (*Phthorimaea operculella* Zell.), Kleesamenwespe (*Bru-*

chophagus funebris How.) sowie eine Reihe von Getreide- und Hülsenfrucht-Vorratsschädlingen. Sendungen, die letztere enthalten, können importiert werden, wenn sie unter Aufsicht des Pflanzenbeschaudienstes entseucht oder verarbeitet werden. Der Vermeidung der Ausbreitung in unserer Republik heimischer aber nur örtlich begrenzt auftretender Krankheitserreger und Schädlinge dienen andere Durchführungsbestimmungen zum „Gesetz zum Schutze der Kultur- und Nutzpflanzen" (innere Quarantäne). Nach der „Siebenten Durchführungsbestimmung — Bekämpfung des Kartoffelkrebses" ist es verboten, krebsanfällige Kartoffelsorten anzubauen oder in verseuchten Betrieben geerntete Kartoffeln ohne Genehmigung der zuständigen Stellen weiter zu geben. Die „Zehnte Durchführungsbestimmung — Bekämpfung des Kartoffelnematoden" verbietet die Weitergabe von Pflanzkartoffeln oder anderen bewurzelten Pflanzen von mit Kartoffelnematoden verseuchten Flächen an andere Betriebe. In der „Sechzehnten Durchführungsbestimmung — Anbau und Handel nematodenresistenter Kartoffelsorten" wird der Anbau resistenter Kartoffelsorten geregelt, damit die Sanierung verseuchter Flächen nicht durch unkontrollierbaren Anbau gefährdet wird. Durch die „Fünfte Durchführungsbestimmung — Bekämpfung des Kartoffelkäfers" werden die Züchtung, Weitergabe und Beförderung lebender Kartoffelkäfer und seiner Entwicklungsstadien untersagt. Zur Verhinderung der Verschleppung des Kornkäfers und anderer Speicherschädlinge enthält die „Dritte Durchführungsbestimmung" Anweisungen über die Entseuchung des Transportraumes, der Transportware und der Lagerräume. Der „inneren Quarantäne" dienen auch die im Rahmen der Saatenanerkennung erlassenen Bestimmungen über die Freiheit der Vermehrungsbestände von samen- und pflanzgutübertragbaren Krankheitserregern und Schädlingen.

Mechanische Bekämpfungsverfahren spielen heute im landwirtschaftlichen Pflanzenschutz nur noch eine untergeordnete Rolle. Von sehr großer Bedeutung sind die maschinelle Saatgutreinigung und die mechanische Unkrautbekämpfung. Mit gutem Erfolg können der Rübenderbrüßler und andere Rüsselkäfer durch Fanggräben oder Fangschlitze an der Zuwanderung zu Rübenflächen verhindert und in solchen vernichtet werden. Zur Erstellung haben sich die Fangschlitzgeräte S 661 und S 662 besonders bewährt. Durch verschiedenartige Vogelscheuchen können auflaufende oder reifende Kulturen vor Vogelfraß geschützt werden. Der Fernhaltung von Wild dienen Maschendraht- oder Elektro-Zäune. Hamster und Wühlmäuse werden in Fallen gefangen. — Demgegenüber haben Maßnahmen wie Absammeln und mechanische Tötung von Schädlingen, tragbare oder fahrbare Fanggeräte zur Bekämpfung von Raps- und Korbweidenschädlingen, Verwendung von Topffallen gegen Maulwurfsgrillen, Auslegen von Steinen, Brettern oder ähnlichen Verstecken, unter denen sich Schnecken sammeln und abgefangen werden können, mehr und mehr an Bedeutung verloren. Sie wurden verdrängt, weil mit chemischen Mitteln wirtschaftlicher gearbeitet werden kann.

Die Feinde der Schädlinge haben als natürlicher Begrenzungsfaktor große Bedeutung. Sie sind zwar nicht in der Lage die Übervermehrung einer Schädlingsart zu verhindern, aber ihr Wirken sollte durch „Nützlingsschutz" unterstützt werden. „Nützlingsschutz" ist ein Teilgebiet der **Biologischen Bekämpfung**. In erster Linie sind hier die Maßnahmen des Vogelschutzes zu nennen. Es ist eine wichtige Aufgabe, Nistgelegenheiten in der Feldmark in Form von Hecken und Gebüschen zu erhalten, sowie Nistmöglichkeiten für Höhlenbrüter zu schaffen. Rebhühner und Fasane sind wichtige Schädlingsvertilger und sollten daher angesiedelt und gefördert werden. Hecken, Gebüsche, Feldraine, bewachsene Wegränder, Wildpflanzenbewuchs auf Ödland bieten auch vielen anderen Nützlingen, vor allem nützlichen Insekten, gute Ernährungs- und Brutmöglichkeiten.

Da auf solchen Flächen aber auch Krankheitserreger und Schädlinge gefördert werden können, sind für den „Nützlingsschutz" eine sorgfältige Überwachung und eine sinnvolle Pflege notwendig.

Die biologische Bekämpfung arbeitet aber auch mit direkten Verfahren. Parasiten und Räuber können gezüchtet und ausgesetzt werden. Krankheitserreger können künstlich verbreitet werden. In der UdSSR und in den USA werden z. B. Eiparasiten aus der Gattung *Trichogramma* (*Hymenoptera*, *Chalcoidea*) in Speziallaboratorien gezüchtet und gegen Feldschädlinge wie Wintersaateule (*Agrotis segetum* Schiff.), Kohleule (*Barathra brassicae* L.) u. a. eingesetzt. Im Deutschen Entomologischen Institut in Eberswalde werden diese Eiparasiten für den Einsatz in der Forstwirtschaft gezüchtet. Zur Zeit laufende Versuche der Einbürgerung der Raubwanze *Perillus bioculatus* F. zur Bekämpfung des Kartoffelkäfers in seinem europäischen Verbreitungsgebiet zeigen erfolgversprechende Ansätze. Der Einsatz von Krankheiten der Insekten verursachenden Viren konnte in der Forstwirtschaft bereits mit guten Ergebnissen durchgeführt werden. Für die Landwirtschaft haben in den letzten Jahren Bakterien-Präparate mit Krankheitserregern aus der *Bacillus thuringiensis*-Gruppe in einigen Ländern Bedeutung gewonnen. Derartige Handelspräparate können wie chemische Spritzmittel verwendet werden. Uns stehen zur Zeit noch keine Handelspräparate zur Verfügung.

Im Vordergrund aller Bekämpfungsmaßnahmen im landwirtschaftlichen Pflanzenschutz steht heute der Einsatz chemischer Mittel. Die **chemische Bekämpfung** der Krankheitserreger und Schädlinge ist wirtschaftlicher und erfolgssicherer als alle anderen Maßnahmen. Eine Großflächenbewirtschaftung und eine industriemäßige Produktion in der Landwirtschaft sind ohne chemischen Pflanzenschutz nicht möglich. Es muß jedoch gefordert werden, daß der Einsatz chemischer Mittel sinnvoll und überlegt geschieht, da durch die

Wahl eines falschen Mittels, durch falsche Anwendungszeit, durch falsche Aufwandmenge oder falsche Konzentration sowie durch Behandlungsfehler erhebliche Schäden verursacht werden können. Solche Fehler lassen sich vermeiden, wenn die Hinweise des Prognose- und Warndienstes der Pflanzenschutzämter beachtet werden, und wenn der für den Pflanzenschutz Verantwortliche eines Betriebes der sozialistischen Landwirtschaft über ausreichende Kenntnisse der Biologie des zu bekämpfenden Schädlings bzw. Krankheitserregers sowie über die Eigenschaften der einzelnen Mittel unterrichtet ist.

Die chemischen Mittel werden nach den Gruppen von Krankheitserregern oder Schädlingen eingeteilt, gegen die sie wirksam sind: Bakterizide (gegen Bakterien), Fungizide (gegen Pilze), Nematizide (gegen Nematoden), Molluskizide (gegen Schnecken), Akarizide (gegen Milben), Insektizide (gegen Insekten), Rodentizide (gegen Nagetiere), Herbizide (gegen Unkräuter) usw. Sie werden als Stäube-, Streu-, Sprüh-, Spritz-, Nebel-, Puder- und Inkrustierungsmittel eingesetzt.

Bei den Stäubemitteln ist der Wirkstoff mit einem pulverförmigen Trägerstoff vermischt oder ihm fest angelagert, so daß er bei der Ausbringung gleichmäßig verteilt wird. Streumittel zur Bekämpfung von Bodenschädlingen enthalten gröbere Trägerstoffe als Stäubemittel. Sie werden auf den Boden gestreut und in diesen eingearbeitet, sie können auch mit Düngemitteln kombiniert werden. Spritzmittel werden mit Wasser verdünnt. Da die meisten Wirkstoffe nicht wasserlöslich sind, werden sie als Emulsionen, die neben einem Lösungsmittel für den Wirkstoff einen Emulgator enthalten, oder als Spritzpulver, die in Wasser schwebbare Beistoffe zur Bereitung einer Spritzbrühe-Suspension enthalten, hergestellt. Um die Haftfähigkeit der Mittel zu erhöhen, werden Haft- und Netzmittel zugegeben. Beim Sprühverfahren wird eine durch Verringerung des Wasseranteils höher konzentrierte Brühe durch feinverteilende Düsen unter hohem Druck in wesentlich kleineren Sprühtröpfchen ausgebracht. Eine noch weitere Verkleinerung der Tropfengrößen wird beim Aerosol- oder Nebelverfahren erreicht. In diesem Fall ist der Wirkstoff in Lösungsmitteln gelöst, die nach dem Ausblasen mit Hilfe von Preßluft an der Luft fast vollkommen verdunsten.

Es entstehen kleinste, an Wirkstoff stark übersättigte Tröpfchen, die sich allmählich auf die Pflanzenteile absetzen.

Prophylaktisch können Jungpflanzen durch Einpudern oder Inkrustieren des Samens vor Schädlingsbefall geschützt werden. Pudermittel (z. B. gegen Drahtwürmer) werden trocken aufgebracht, Inkrustierungsmittel werden nach Anfeuchten des Samens mit diesem gemischt. Sie enthalten ein Klebemittel, das ein Festhaften des Inkrustierungspulvers an den rückgetrockneten Samen bewirkt. Inkrustierungsmittel spielen zur Bekämpfung des Rapserdflohs, des Kohlgallenrüßlers, der Zwiebelfliege und der Möhrenfliege eine Rolle.

Neben Präparaten, die im Stäube-, Streu-, Spritz-, Sprüh-, Nebel-, Puder-, Inkrustierungs- oder Beizverfahren eingesetzt werden, kommen Köder- und Abschreckmittel zum Einsatz. Erstere enthalten eine bevorzugte Nahrung oder einen Geruchsstoff, der die Schädlinge anlockt (Attraktivstoffe) und ein Gift, letztere für die Schädlinge unangenehme Geruchs- oder Fraßstoffe (Repellentstoffe), die sie von den zu schützenden Pflanzen fernhalten sollen. Hierher gehören u. a. Wildverbißmittel und Saatvergällungsmittel.

Die Saatgutbeizmittel enthalten organische Quecksilberverbindungen als Wirkstoff. Gesteinsmehle werden als Trägerstoffe für die Trockenbeizmittel verwendet, während die Naßbeizen Silikat-Soda-Gemisch und calc. Soda als Zusatzstoffe enthalten. Feuchtbeizen sind wäßrige Lösungen organischer Quecksilberverbindungen. Gegen den Weizensteinbrand sind Quecksilberbeizmittel mit Zusatz von Hexachlorbenzol zu empfehlen. Kombinierte Beizmittel, die gleichzeitig Lindan enthalten, bieten den Pflanzen auch einen gewissen Schutz vor Angriffen durch Bodeninsekten.

Schwefelpräparate in Form von Netzschwefel, feinst vermahlenem Schwefel, der in Wasser angesetzt eine kolloidale (feinzerteilte) Lösung ergibt, werden gegen echte Mehltaupilze verwendet. Sie spielen vor allem im Obst-, Gemüse- und Zierpflanzenbau eine Rolle.

Die Hauptbedeutung unter den Fungiziden kommt heute noch den Kupfer-Präparaten zu. Die lange Zeit vorwiegend verwendete, selbst zu bereitende Kupferkalkbrühe (Kupfersulfat) ist inzwischen von den Handelspräparaten auf Kupferoxychloridbasis (Grünkupfer) verdrängt worden. Sie haben sehr gute Wirkung gegen die „Falschen Mehltaupilze" und werden zur Bekämpfung der Krautfäule der Kartoffel (*Phyto-*

phthora infestans de By.) eingesetzt. Gegen die gleichen Pilze sind auch die synthetisch-organischen Fungizide „Zineb“, das Zinksalz der Äthylen-bis-dithiocarbaminsäure, sowie „Phaltan“ (N-Trichlormethylthiophthalimid) amtlich anerkannt.

Als Insektizide spielen im landwirtschaftlichen Pflanzenschutz Chlorkohlenwasserstoffe: DDT, Lindan und Toxaphen, organische Phosphorverbindungen: Parathion-methyl, Trichlorphon, Dimethoat und Demeton-methyl sowie insektizide Carbamate: Carbaryl (Sevin) eine Rolle. Präparate auf der Basis DDT (Dichlordiphenyltrichloräthan), Lindan (das γ-Isomer des Hexachlorcyclohexans = HCH) und Kombinationen beider Wirkstoffe kommen zur Bekämpfung vieler beißender Insekten in Frage. Toxaphen-Präparate zeichnen sich durch ihre Bienenungefährlichkeit aus. Sie können daher auch in blühenden Kulturen angewendet werden. Ihnen kommt darüber hinaus zur Großflächenbehandlung gegen die Feldmaus Bedeutung zu. Zur Bekämpfung saugender Insekten sind die organischen Phosphorverbindungen vorzuziehen. Sie zeichnen sich durch ihre Tiefenwirkung und ihre systemische Wirkung aus. Unter Tiefenwirkung verstehen wir das Eindringen des Präparates in das Pflanzengewebe. Dadurch werden in der Pflanze minierende Insekten oder auf der Blattunterseite lebende saugende Insekten bei alleiniger Behandlung der Oberseite abgetötet. Präparate mit Tiefenwirkung enthalten die Wirkstoffe Parathion-methyl und Trichlophon. Unter systemischer Wirkung verstehen wir einen Transport des Wirkstoffs im Leitsystem der Pflanze. Die hierher gehörenden Präparate auf der Basis Dimethoat und Demeton-methyl „vergiften“ die Pflanze für einige Wochen gegen saugende Insekten. Als Akarizide werden neben systemischen Insektiziden Präparate auf der Basis Chlorpenson (p-Chlorphenyl-p-chlorbenzolsulfonat) und Tedion oder Tetradifon (2,4,5,4-Tetrachlordiphenylsulfon) verwendet.

Molluskizide enthalten Metaldehyd als Wirkstoff.

Für Giftgetreide und Giftpasten zur Nagetierbekämpfung wird Zinkphosphid verwendet.

Sperlingsweizen ist strychninhaltig.

Die wirksame Komponente der Räucherpatronen zur Nagetierbekämpfung ist säurefreier Schwefel.[1])

[1]) Zur genaueren Orientierung über die Pflanzenschutzmittel wird auf Band 11 der „Wissenschaftlichen Taschenbücher“ (Tielecke 1967) verwiesen.

Es wurde bereits darauf hingewiesen, daß durch Fehler beim Einsatz chemischer Bekämpfungsmittel Schäden verursacht werden können. Bei überhöhter Aufwandmenge oder zu hoher Konzentration können die Präparate phytotoxisch wirken. Die bei uns im Handel erhältlichen Pflanzenschutzmittel sind von der Biologischen Zentralanstalt Berlin geprüft und anerkannt worden und dürfen nur in den im „Pflanzenschutzmittelverzeichnis" angegebenen Aufwandmengen und Konzentrationen sowie unter Beachtung der an gleicher Stelle gegebenen zusätzlichen Hinweise eingesetzt werden. Dabei ist auch zu beachten, daß Präparate, die für die zu behandelnde Pflanzenart ungefährlich sind, Nachbarkulturen schädigen können.

Die Wirkstoffe und z. T. auch die Beistoffe sind für den Menschen, die Haustiere, das jagdbare Wild, die Vögel, die Fische und für viele nützliche Insekten nicht immer ungefährlich.

Die im Pflanzenschutzmittelverzeichnis und in den Gebrauchsanweisungen, die die Firmen den Präparaten beifügen, gegebenen Hinweise betreffen Schutzmaßnahmen beim Ausbringen der Präparate, Einhaltung einer bestimmten Wartezeit (Karenzzeit) zwischen Behandlung und Verwendung der behandelten Pflanzen für die menschliche Ernährung oder zur Verfütterung an Haustiere, Verbot zur Anwendung bei bestimmten Pflanzen, z. B. Inkrustierungsmittel bei Frühmöhren, Insektizide auf Futter- und Weideflächen, Bekämpfung blühender Kulturen mit bienengefährlichen Insektiziden usw.. Pflanzenschutzmittelrückstände dürfen nicht in Trinkwasser oder Gewässer mit Fischen gelangen. Darüber hinaus ist zu beachten, daß durch eine Bekämpfungsaktion mit chemischen Mitteln nicht nur der Schädling abgetötet wird, sondern auch andere Glieder der Biozönose beeinträchtigt werden. Dadurch können natürliche Feinde der Schädlinge vernichtet und damit biotische Begrenzungsfaktoren beseitigt werden. Auch kann bei Bekämpfung eines Schädlings durch Vernichtung der natürlichen Feinde eines anderen Schädlings, gegen den das eingesetzte Präparat unwirksam ist, letzterer überhand nehmen. Vermehrungen von Schädlingen nach Bekämpfungsmaßnahmen sind z. B. für Spinnmilben bekannt, die gegen DDT-Präparate weitgehend widerstandsfähig sind. — Es muß ferner beachtet werden, daß bei häufigem Einsatz des gleichen Wirkstoffes eine Reihe von Schädlingen gegen diesen widerstandsfähig (resistent) werden können. Ein Wirkstoffwechsel ist daher zu empfehlen, wenn gegen den betreffenden Schädling Präparate mit anderen Wirkstoffen zur Verfügung stehen.

Kein Phytopathologe sieht in der chemischen Bekämpfung das Allheilmittel. Noch immer gilt für den Pflanzenschutz: Vorbeugen ist besser als Heilen. Eine sinnvolle Kombination verschiedener Bekämpfungsmethoden — Kulturmaßnahmen, mechanische, biologische und chemische Bekämpfung — sowie der gezielte Einsatz der einzelnen Verfahren sind daher seit je angestrebt worden. Unlängst wurde dafür ein neuer Begriff geschaffen, der „integrierte Pflanzenschutz".

Der „integrierte Pflanzenschutz" setzt genaue Kenntnisse über die Lebensweise und Entwicklungsbedingungen der Krankheitserreger und Schädlinge voraus und macht es erforderlich, daß jeder landwirtschaftliche Großbetrieb über einen ausgebildeten Pflanzenschutzfachmann verfügt.

Ein instruktives Beispiel für den „integrierten Pflanzenschutz" ist die Unkrautbekämpfung. Leider wird noch immer — in diesem Fall auch von vielen Fachleuten — der Fehler gemacht, im Zuge der Bestrebungen zur industriemäßigen Arbeitsweise in der Landwirtschaft die chemische Unkrautbekämpfung zu sehr in den Vordergrund zu schieben. Häufig wird bereits bei der Planung festgelegt, welche Flächengröße chemisch zu behandeln ist. Es wird dabei vergessen, daß nicht der landwirtschaftliche Betrieb der beste ist, der die größte Hektarzahl chemisch behandelt, sondern derjenige, der bei geringstem Einsatz chemischer Unkrautbekämpfungsmittel unkrautfreie Felder aufzuweisen hat. Jede chemische Unkrautbekämpfung sollte nur die „letzte Maßnahme“ sein, wenn Kulturmaßnahmen und mechanische Unkrautbekämpfung nicht zum gewünschten Ziele führen konnten. Diese Ansicht steht nicht im Widerspruch zur Anwendung industriemäßiger Verfahren in der Landwirtschaft, da alle nicht-chemischen Maßnahmen mit industriemäßigen Verfahren kombiniert werden können.

Nach HUBERT (1965) gehören zur nicht-chemischen Unkrautbekämpfung: Die einwandfreie Reinigung des Saatgutes, die Vernichtung oder baldige Verwertung der Druschabfälle, das Schroten oder Dämpfen von Futtermitteln, die Unkrautsamen enthalten, die Kompostierung unkrautfreier Abfälle, das rechtzeitige Abmähen der Unkräuter auf Feldrainen, Grabenrändern und an Kulturflächen angrenzenden Ödländereien, die sorgfältige Bearbeitung des Vorgewendes, alle Maßnahmen, die der Verbesserung der Bodenfruchtbarkeit dienen, die Durchführung einer richtigen Fruchtfolge, in der Unkrautförderer nur vor Kulturen geplant werden sollen, die als Unkrautunterdrücker wirken, das rechtzeitige Stoppelschälen, die rechtzeitige mechanische Bearbeitung zur Saatbettvorbereitung und die richtige Saatenpflege durch Einsatz von Unkrautstriegel und Hackmaschine.

Erst wenn trotz sorgfältiger Einhaltung der oben genannten Maßnahmen keine Unkrautfreiheit erzielt werden kann, sollte zu chemischen Mitteln gegriffen werden. Den Übergang zur chemischen Unkrautbekämpfung bildet der vorbeugend anzuwendende Einsatz unkrautschädigender Düngemittel. Als solche kommen Kalkstickstoff (1,5—2,5 dt/ha) oder Staubkainit (6—10 dt/ha) bzw. Gemische aus beiden (0,75 dt pro ha Kalkstickstoff und 7,5 dt/ha Staubkainit) in Frage. Kalkstickstoff wird 10—14 Tage vor der Aussaat oder im Getreidebau als Kopfdünger nach Regen oder Tau, wenn die Getreidepflanzen das 3- bis 4-Blattstadium erreicht haben, gegeben. Staubkainit spielt nur zur Hederich- und Ackersenfbekämpfung im Getreidebau eine Rolle.

Unter den chemischen Unkrautbekämpfungsmitteln spielen in der Landwirtschaft die „total wirkenden" Herbizide, die auf der Basis Natriumchlorat, Amitrol, Dalapon, Atrazin, Trichlorpropionsäure, Kombinationen von Simazin + Amitrol und Kombinationen von Atrazin + Amitrol aufgebaut sind, nur eine geringe Rolle, da sie auf Feldflächen die Nachfolgekultur schädigen können, wenn die erforderlichen mehrmonatigen Wartezeiten nicht eingehalten werden. Sie werden mit gutem Erfolg zur Vernichtung von Unkräutern auf Wegen, Plätzen und Ödland verwendet. Bei chlorathaltigen Mitteln ist dabei deren Explosions- und Feuergefährlichkeit zu beachten. Präparate auf der Basis Dalapon sowie Mischpräparate von Phenoxyessigsäuren können zur Vernichtung unerwünschten Pflanzenwuchses in Entwässerungsgräben empfohlen werden.

Wesentlich bedeutender ist das Anwendungsgebiet der „selektiv wirkenden" Herbizide. Sie vernichten nur bestimmte Pflanzenarten, auf keinen Fall dürfen sie die Kulturpflanzen schädigen, sie wirken aber auch nicht gegen alle Unkräuter. Die Auswahl des jeweiligen Präparates hängt also von der Kulturpflanze und von der Unkrautflora auf den zu behandelnden Flächen ab.

Selektiv wirkende Herbizide mit „ätzender" Wirkung sind einige Kresol- und Phenolverbindungen, vor allem das 4,6-Dinitro-o-kresol (DNOC). Sie finden im Getreideanbau Anwendung und können bei Herabsetzung der Wirkstoffmenge je Flächeneinheit auch mit Erfolg im Zwiebel-, Erbsen- und Flachsanbau eingesetzt werden. Die Anwendungsvorschriften sind genau zu beachten, auch sei darauf hingewiesen, daß die DNOC-Mittel bienengefährlich sind.

Als „Wuchsstoffherbizide" werden Verbindungen der Phenoxyessigsäure bezeichnet, von denen die 2,4-

Dichlor-phenoxyessigsäure (2,4-D), die 4-Chlor-2-methyl-phenoxyessigsäure (MCPA) und die 2,4,5-Trichlorphenoxyessigsäure (2,4,5-T) eine Rolle spielen. Der Wirkstoff wird von der Pflanze aufgenommen und in ihr weitergeleitet. Sie regen verstärktes Wachstum und Störungen lebenswichtiger Vorgänge an. Die Pflanze verbraucht ihre Nährstoffe vorzeitig, verzehrt sich gleichsam selbst und stirbt ab. Die Zahl der mit derartigen Präparaten bekämpfbaren Unkräuter ist zwar sehr groß, es gibt aber doch bestimmte Unkräuter, die nur wenig oder gar nicht geschädigt werden. Die genannten Wirkstoffe verhalten sich dabei unterschiedlich, so daß die Angaben in den Anwendungsvorschriften genau beachtet werden müssen. Wuchsstoffherbizide sind zur Unkrautbekämpfung in Getreide- und Maisbeständen sowie auf Grünland anerkannt. Jede Anwendung auf Flächen mit anderen Kulturpflanzen geschieht auf eigene Gefahr.

Große Bedeutung haben in den letzten Jahren die ebenfalls selektiv wirkenden „Bodenherbizide" gewonnen, die zur Vorauflaufbehandlung in Mais und bei verschiedenen Gemüsekulturen Verwendung finden, von denen für den landwirtschaftlichen Pflanzenschutz das Präparat W 6658 (Simazin) als Unkrautbekämpfungsmittel im Maisanbau genannt werden muß.

Der Einsatz von Bodenherbiziden zur Vorauflaufbehandlung steht vorläufig ebenso wie die vorbeugend anzuwendenden Verfahren der Beizung und der Saminkrustierung noch im Widerspruch zu den Forderungen des „integrierten Pflanzenschutzes". Der „integrierte Pflanzenschutz" verlangt den Einsatz chemischer Mittel als letzte, aber gezielte Maßnahme nach Feststellung der Bekämpfungsnotwendigkeit. Bei den genannten, vorbeugend wirkenden, chemischen Verfahren sind uns aber heute erst in wenigen Fällen Voraussagen über die Notwendigkeit möglich. Das Auftreten des Rapserdflohes können wir z. B. bereits mit ziemlicher Genauigkeit voraussagen, so daß die Rapssameninkrustierung als „gezielte“ Maßnahme angewendet werden kann, in vielen anderen Fällen hat jedoch die Forschung noch viele Fragen zu klären, bis auch hier sinnvoll kombiniert werden kann. Es darf allerdings nicht übersehen werden, daß vorbeugende chemische Maßnahmen auch eine günstige Wirkung für das Auflaufen und die Jugendentwicklung der Pflanzen haben können. Das gilt z. B. für die Getreidebeizung, die daher vielfach als eine „Kulturmaßnahme“ gewertet wird.

B. Schädlinge, die an vielen Kulturpflanzen auftreten

Wurzeln, Knollen und Stengelgrund werden von mehreren bodenbewohnenden Insekten angegriffen. An erster Stelle müssen die **Engerlinge**, die weichhäutigen weißen **Larven der Blatthornkäfer** (*Lamellicornia*) genannt werden. Von diesen finden wir in Feld- und Wiesenböden die Engerlinge der Maikäfer, des **Feldmaikäfers** (*Melolontha melolontha* L.), des **Waldmaikäfers** (*M. hippocastani* F.) und des **Junikäfers** (*Amphimallon solstitialis* L.). Die deutschen Namen: Feld- und Waldmaikäfer sind irreführend, da beide nebeneinander vorkommen und ihre Eier sowohl in Feld- wie in Waldböden ablegen. Die Käfer sind Blattfresser und leben an Obst- und Waldbäumen. Sie legen ihre Eier in lokkeren, noch nicht mit einer geschlossenen Pflanzendecke versehenen Boden. Gegen Ende des gleichen Jahres schlüpfen die Engerlinge, die bis etwa Mitte des Sommers des dritten Jahres nach der Eiablage mit Hilfe ihrer kräftigen, beißenden Mundwerkzeuge die Wurzeln der verschiedensten Kulturpflanzen angreifen. Die gut ausgebildeten Brustbeine und ein Dornenbesatz auf dem Rücken des sackförmig endenden Hinterleibes ermöglichen ihnen die Fortbewegung im Boden. Zur Überwinterung graben sie sich tiefer in den Boden ein. Im Spätsommer des dritten Jahres nach der Eiablage verpuppen sie sich bis zu 1 m tief im Boden. Der Käfer schlüpft noch im gleichen Herbst, verbleibt aber bis zum nächsten Frühjahr in der Puppenwiege. Im vierten Jahr nach der Eiablage verläßt er den Boden. Damit beginnt eine neue Generation.

In Westeuropa dauert die Entwicklung vielerorts nur 3 Jahre, in Osteuropa 5 Jahre. Die Maikäfer treten in verschiedenen Stämmen auf, von denen in einem begrenzten Gebiet zumeist nur ein Stamm besonders individuenreich ist. Aus dieser Tatsache heraus erklären sich die Flugjahre im drei-, vier- und fünfjährigen Turnus. —

Wurzeln, Knollen usw. werden weiterhin von **Drahtwürmern,** den **Larven der Schnellkäfer** (*Elateridae*) angegriffen. Die harthäutigen, langzylindrischen, braungelb gefärbten Tiere bohren sich in stärkere Wurzeln, Knollen oder in die Stengelbasis ein. Sie spielen vor allem im Getreide-, Kartoffel- und Rübenbau eine Rolle. Da die Entwicklung der Larven auch mehrjährig ist, und da Grünland zur Eiablage vor Ackerland bevorzugt wird, sind insbesondere Kulturen nach Wiesenumbruch gefährdet. Die wichtigsten im Feldbau schädlich werdenden Arten gehören zu den Gattungen *Agriotes* und *Athous*. — Die dritte an vielen Kulturpflanzen gefährliche Gruppe von Bodenschädlingen ist die der **Erdraupen.** Es handelt sich um die **Raupen der Erdeulen** (Gattungsgruppe *Agrotis* s. l.). Die dicken, zumeist grauen Raupen liegen tagsüber spiralig zusammengerollt in Pflanzennähe im Boden. Nachts kommen sie an die Oberfläche und fressen an den oberirdischen Teilen der Pflanzen. Sie greifen aber auch die im Boden befindlichen Rüben, Kartoffelknollen usw. an, die sie durch tiefen Lochfraß schwer schädigen können. Die Lebensweise und das jahreszeitliche Auftreten sind bei den einzelnen Arten verschieden. — Auf kultivierten Moorflächen und auf Marschböden können die walzenförmigen Larven der zu den Zweiflüglern gehörenden **Wiesenschnaken** (*Tipulidae*) schädlich werden. Sie ähneln einer Made, da der Körper beinlos ist, und die Kopfkapsel fast ganz in die Brust des beinlosen Körpers eingezogen ist. Sie fressen an Wurzeln und Knollen vieler landwirtschaftlicher Kulturpflanzen. — Die ebenfalls zu den Zweiflüglern gehörenden **Larven der Haarmücken** oder **Märzfliegen** (*Bibionidae*) bevorzugen zur Eiablage an organischer Substanz reichen Boden, Kompost- und Misthaufen. Die langgestreckten beinlosen Larven ernähren sich von faulenden Stoffen, greifen aber auch die Wurzeln und unterirdischen Teile vieler Kulturpflanzen an. — Als Larve und Vollinsekt schädigt die **Maulwurfsgrille** (*Gryllotalpa gryllotalpa* L.). Die etwa 4 cm langen Tiere sind durch ihre zu schaufelartigen Grabbeinen umgestalteten Vorderbeine charakterisiert. Sie benötigen für ihre Entwicklung unbedingt tierisches Eiweiß und werden daher durch Vernichtung anderer schädlicher Bodeninsekten nützlich. Sie ernähren sich aber gleichzeitig von den Wurzeln vieler Kulturpflanzen und schädigen durch ihre Wühltätigkeit.

Larven und Vollinsekten leben im Boden, nur zur Fortpflanzungszeit kommen die geschlechtsreifen Tiere an die Oberfläche. Die Eiablage findet in etwa hühnereigroßen Erdnestern statt, in denen das Weibchen die Eier und die Junglarven betreut. Die Überwinterung erfolgt im Larven- und Imaginalstadium im Boden, besonders humusreiche Stellen werden dafür nicht aufgesucht. Daher ist eine Anlockung durch Kompost- oder Dunggruben, die z. T. in der Literatur noch als Bekämpfungsmaßnahme empfohlen wird, nicht erfolgversprechend.

Zur Bekämpfung der genannten Bodenschädlinge kann eine Bodenbehandlung mit Insektiziden durchgeführt werden. Gegen Engerlinge sind Flächen-, Streifen oder Pflanzlochbegiftung mit Lindanstreumitteln wirksam, die Bekämpfung sollte im Jahr nach der Eiablage erfolgen. Gegen Drahtwürmer und Haarmückenlarven kommen im Kartoffel- und Rübenbau die gleichen Bekämpfungsverfahren in Frage, im Getreideanbau haben sich Lindan-Pudermittel und kombinierte Beizmittel bewährt. Gegen Erdraupen werden Lindanstreumittel oder Weizenkleie-Köder, die mit Trichlorphon-Präparaten vergiftet werden, eingesetzt. Je 1 ha Fläche werden 20—30 l Wasser, 40 kg Weizenkleie, 2 kg Zucker und 4 l Wotexit-Spritzmittel benötigt. Der gut angefeuchtete Köder wird mit dem Insektizid in der in der Gebrauchsanweisung angegebenen Aufwandmenge gemischt und gegen Abend breitwürfig ausgestreut. Praktisch erfolgt die Anwendung nur auf kleinen Flächen. Gegen Wiesenschnakenlarven hat sich eine Behandlung mit Parathionpräparaten gut bewährt. Gegen die Maulwurfsgrille sind Methylparathion-Präparate wirksamer als Lindan-Präparate. Als Köderstoff eignen sich Tier- und Blutmehl.

Sperlinge, **Haussperling** (*Passer domesticus* L.) und **Feldsperling** (*P. montanus* L.), werden vor allem dem reifenden Getreide gefährlich. Bekämpfungsaktionen lohnen sich nur, wenn sie in einem geschlossenen Gebiet schlagartig durchgeführt werden. Fangen in automatischen Fallen, Ausnehmen der Schlafnester im Winter sowie der Gelege im Sommer und Auslegen von grün oder blau gefärbtem „Sperlingsweizen“ unter Anleitung und Aufsicht des amtlichen Pflanzenschutzdienstes können eine wesentliche Reduzierung herbeiführen.

Saatkrähen (*Corvus frugilegus* L.) werden durch Vertilgen von Mäusen und schädlichen Bodeninsekten sehr nützlich.

Die im Winter aus dem Osten zuwandernden Krähenschwärme können jedoch der Winterung gefährlich werden. Teerhaltige Saatvergällungsmittel schützen zumeist nur kurzfristig. Zur Abschreckung können geschossene Krähen oder künstliche Habichtatrappen an Stangen über das Feld verteilt aufgehängt werden. Mit Phosphorlatwerge vergifteter Brei aus Fleisch- und Fischabfällen oder Gifteier sollten nur bei sehr starkem Krähenauftreten und unter Beachtung der Naturschutz- und Jagdbestimmungen verwendet werden.

Zu den vom Landwirt am meisten gefürchteten Schädlingen gehört die **Feldmaus** (*Microtus arvalis* Pallas), die zu Übervermehrungen neigt und in „Feldmausjahren“ Wiesen, Felder und Wälder dicht besiedeln kann. Obwohl sie vorwiegend Grasfresser ist, greift sie doch auch viele andere Pflanzen, darunter viele landwirtschaftliche Nutzpflanzen an. Sie lebt in Erdbauen, in deren Bereich Nestkammern von 10–20 cm Durchmesser angelegt werden. Die Gänge haben einen Durchmesser von 3,5 cm. Unter dem Schnee werden tunnelartige Laufgänge aus Erde und Gras gewühlt, die nach der Schneeschmelze sichtbar werden. Ein Feldmausweibchen kann im Abstand von 20 Tagen Junge werfen, die Jungmäuse werden nach 90 Tagen fortpflanzungsreif. Vom Spätherbst bis zum Frühjahr ruht im Freiland die Fortpflanzungstätigkeit. Nahrungsmangel und ungünstige Witterungsverhältnisse (starke Regengüsse) töten die Tiere direkt oder machen sie anfällig für Seuchen. Überwachung der Vermehrung und rechtzeitiges Eingreifen auf Ödland, an Bahndämmen, Feldrainen, Wegrändern usw. sowie rechtzeitige Entfernung der Ernterückstände und termingerechte Bodenbearbeitung können vorbeugend eine Vermehrung auf Kulturflächen eindämmen. Zur direkten Bekämpfung wird Giftgetreide mit Hilfe von Legeröhren tief in die befahrenen Baue eingestreut oder an überdeckten Futterplätzen ausgelegt. Offenes Auslegen von Giftgetreide ist wegen der Gefährdung anderer Tiere verboten. Außerdem ist das Ausräuchern der Baue mit Hilfe von Gaspatronen zu empfehlen. Auf nicht zur Beweidung vorgesehenen Futterflächen können Toxaphen-Präparate in den amtlich anerkannten Aufwandmengen ausgebracht werden. –

Der **Hamster** (*Cricetus cricetus* L.) ist als gefährlicher Feldschädling aus den mittleren und südlichen Teilen der Bezirke Magdeburg und Halle sowie einiger Teile der sächsischen und thüringischen Bezirke bekannt. Er legt 40–150 cm tiefe, verzweigte und mit kammerartigen Erweiterungen versehene Baue an, von denen aus mehrere Gänge von 6—8 cm Durchmesser zur Oberfläche führen. Im Umkreis um einen Bau werden die Pflanzen vernichtet. Im Bau ruht der nächtlich aktive Hamster am Tage, hier zieht er seine Jungen auf und speichert erhebliche Mengen an Getreide, Erbsen, Bohnen, Wicken, Rapskörnern und vieles andere. Er klettert auf Mais, Sonnenblumen und andere Pflanzen und trägt deren Körner ein. Der Hamsterpelz ist sehr wertvoll. Daher wird der Schädling zumeist von erfahrenen Hamsterfängern in Fallen gefangen. Bei sehr starkem Auftreten muß zur Vergiftung mit Hilfe von mit Schwefelkohlenstoff getränkten Zellstoffwattekugeln gegriffen werden, von denen 4—6 Stück in die Fallröhre geworfen werden. — Von weiteren schädlichen Nagern sei auf **Hasen** und **Kaninchen** hingewiesen, deren Bekämpfung ebenso wie die des **Schwarzwildes** durch das Jagdgesetz geregelt ist.

In Kellern und Lagerräumen werden **Hausmaus** (*Mus musculus* L.), **Hausratte** (*Epymis rattus* L.) und **Wanderratte** (*Epymis norvegicus Erxl.*) gefährlich. Die Bekämpfung ist mit Fallen und mit Gift, das unter Beachtung der Bestimmungen des Giftgesetzes auszulegen ist, möglich.

C. Krankheiten und Schädlinge der einzelnen landwirtschaftlichen Kulturpflanzen

I. Krankheiten und Schädlinge der Getreidearten außer Mais

Die Hauptursachen für die witterungsbedingte **Auswinterung** des Wintergetreides sind plötzliche Kahlfröste mit sehr tiefen Temperaturen nach warmer Herbstwitterung oder Spätfröste im Frühjahr, wenn nach Wärmeperioden gegen Ende des Winters noch einmal ein Kälteeinbruch erfolgt. — Die Pflanzen können aber während des Winters auch vertrocknen, wenn bei gefrorenem Boden die Wurzeln das durch Wind und Sonne den Blättern entzogene Wasser nicht nachschaffen können. — Bei stark wechselnden Tag- und Nachttemperaturen können die Pflanzen ausfrieren. Infolge des wiederholten Auftauens und Wiedergefrierens des Bodens zerreißen die Wurzeln. — Dichter Abschluß durch eine gefrorene Schneedecke oder durch Schmelzwasserlachen auf gefrorenem Boden führen zum Ersticken und Ausfaulen der Pflanzen.

Neben der Wahl weitgehend winterfester Sorten können richtige Düngung und richtige Kulturmaßnahmen die Auswinterung mindern, geschwächte Bestände können durch agrotechnische Maßnahmen im Frühjahr oftmals noch gerettet werden. Auch Schädigungen durch Pilze (Schneeschimmel) oder tierische Schädlinge (Brachfliege, Drahtwürmer, Haarmückenlarven usw.) können Bestandsausfälle verursachen, die im Erscheinungsbild der witterungsbedingten Auswinterung gleichen.

Neben den witterungsbedingten, physiologischen Störungen können andere nichtparasitäre Ursachen Krankheitserscheinungen bei Getreide hervorrufen. Vergilbung der Getreidepflanzen ist häufig die Folge von **Kalkmangel**. Nach den Ergebnissen einer Bodenuntersuchung ist durch entsprechende Kalkgaben eine Heilung möglich.

Schwerwiegender sind die **Mangelkrankheiten**, die indirekt durch zu hohen Kalkgehalt des Bodens bedingt sein können.

Auf Manganmangel ist sowohl auf Moorböden wie auf humosen Sandböden die **Dörrfleckenkrankheit des Hafers** zurückzuführen. Helle bis violette Flecke oder Streifen auf den Blättern, in deren Bereich das Blattgewebe vertrocknet (dörrt), kennzeichnen die Schädigung, die durch Fehlen von Mangan-Verbindungen im Boden oder durch Festlegung des Mangans bei zu hohem Kalkgehalt verursacht wird. Erkrankte Bestände können bis etwa 14 Tage vor dem Schossen durch Streuen von 50 bis 150 kg/ha Mangansulfat auf taufeuchte

Pflanzen oder Spritzen von 35—70 kg/ha in 700 l Wasser geheilt werden.

Auf Kupfermangel ist die **Heidemoorkrankheit, Weißseuche** oder **Urbarmachungskrankheit** zurückzuführen. Sie ist ebenfalls für den Hafer gefährlich, aber auch Gerste kann schwer geschädigt werden. Die Blattspitzen werden weiß und rollen sich zusammen, über dem erkrankten Bestand liegt ein weißer Schimmer (Weißseuche). Die Schädigung ist für kultivierte Heidemoorböden bei Trockenheit im Frühjahr und Frühsommer charakteristisch (Urbarmachungskrankheit). Erkrankte Pflanzen schossen nicht oder bilden nur verkümmerte Rispen bzw. Ähren, sie können sich grasartig bestocken. Auch Kupfermangel kann durch Bindung bei zu hohem Kalkgehalt des Bodens bedingt sein. Erkrankte Bestände lassen sich durch Spritzungen mit 12—24 kg/ha Kupfersulfat in 800 l Wasser heilen.

Unter den Erregern von Pilzkrankheiten sei als erster der **Getreidemehltau** (*Erysiphe graminis* D.C.) genannt. Er bildet verschiedene biologische Rassen, die an die einzelnen Getreidearten angepaßt sind. Besonders gefährdet ist die Gerste. Weiße bis bräunliche Überzüge auf den Blättern kennzeichnen den Befall. Dichter Bestand fördert die Pilzentwicklung. Von Wintergerste aus kann benachbarte Sommergerste befallen werden. Eine chemische Bekämpfung mit Schwefelpräparaten ist zwar möglich aber im Getreidebau unwirtschaftlich. Zu dichte Saat, einseitige Stickstoffdüngung und Verunkrautung sind vorbeugend zu vermeiden, die Einhaltung der richtigen Saattermine und die Verwendung widerstandsfähiger Sorten wirken vorbeugend.

Fehlstellen auf Winterroggenflächen nach der Schneeschmelze und weiß oder rosa gefärbtes, watteähnliches Pilzgeflecht auf dem Boden zeigen den Befall durch **Schneeschimmel** (*Fusarium nivale* Ces.) an. Im Bereich der Fehlstellen sind die Pflanzen verkümmert oder die gekrümmten und gedrehten Keime haben die Bodenoberfläche nicht durchstoßen können. Die Krankheit wird mit dem Saatgut übertragen, durch Wind oder Insekten gelangen die Sporen an die neugebildeten, gesunden Getreideähren. Auch Infektion vom Boden aus ist möglich, bei lagerndem Roggen können die Samen auch von dort her befallen werden. Vorbeugend darf nicht zu tief gedrillt werden, verharschte Schneedecken sollen durch Eggen gebrochen werden. Sicherste Bekämpfungsmaßnahme ist die Beizung. Neben Roggen kann auch Winterweizen angegriffen werden.

Zu den wichtigsten Pilzkrankheiten des Getreides gehören die **Brandkrankheiten**. Befallene Pflanzenteile sehen wie verbrannt aus. Die Brandpilze gehören zu den Basidiomyceten, innerhalb dieser Klasse zu der Ordnung *Ustilaginales* mit den beiden Familien der *Tilletiaceae* und der *Ustilaginaceae*. Die Brandsporen werden nach Aufreißen des Sporenlagers durch Wind und Insekten verbreitet oder erst nach mechanischem Zerstören des sporenhaltigen Gewebes (Steinbrand) ausgestreut. Sie gelangen entweder auf die Narbe der Wirtspflanzenblüte (Weizen- und Gerstenflugbrand) von der aus das Myzel in den Fruchtknoten einwächst (Blüteninfektion), oder sie setzen sich zwischen Korn und Spelze fest (Haferflugbrand), keimen dort aus, aber erst nach der Aussaat dringt der Pilz in den Haferkeimling ein (Blütenkeimlingsinfektion). Ein dritter Weg ist für den Weizensteinbrand charakteristisch.

Die durch mechanisches Zerschlagen der sporenhaltigen Körper (Brandbutten) beim Dreschen frei werdenden Sporen setzen sich im Bart gesunder Weizenkörner fest, erst nach der Aussaat bilden sie den Keimschlauch, der in den Weizenkeimling eindringt. Alle Brandkrankheiten mit Blüten-, Blütenkeimlings- und Keimlingsinfektion sind samenübertragbar. Sie können durch chemische Beizung oder bei Weizen- und Gerstenflugbrand durch Heißwasserbeizung bekämpft werden.

Der wichtigste Brandpilz aus der Familie der *Tilletiaceae* ist der **Weizensteinbrand** oder **Stinkbrand** (*Tilletia tritici* Winter). Die den Weizenkörnern anhaftenden

Sporen keimen nach der Aussaat im Boden aus. Für das Wachstum des Pilzmyzels sind Temperaturen von 5–10 °C günstig, also Temperaturen, die unter dem Optimum für die Weizenkeimung liegen und die Entwicklung der Wirtspflanze verzögern. Frühe Aussaat des Winterweizens und späte Aussaat des Sommerweizens können daher vorbeugend wirken, wenn genügend hohe Temperaturen den Weizen fördern, aber den Pilz hemmen. Das Pilzmyzel wächst im Pflanzengewebe zwischen den Zellen (interzellular) aufwärts und dringt bis in die Ähre und in die Fruchtknoten vor. In den zunächst blaugrünen, später schmutziggrauen Ähren bleiben die befallenen Körner (Brandbutten) kleiner. Ihr Inhalt ist zunächst schwarz und schmierig und riecht nach Heringslake (Stinkbrand), später werden die „Butten" hart (Steinbrand), jede enthält dicht zusammengepreßt etwa 4 Millionen Sporen. Beim Dreschen werden die „Butten" zerschlagen, die Sporen stäuben aus und setzen sich im sog. Bart der gesunden Weizenkörner fest. Mit Druschabfällen kann auch der Boden verseucht werden, von dem aus ebenfalls eine Infektion möglich ist. Winterweizen ist stärker gefährdet als Sommerweizen, die einzelnen Weizensorten sind unterschiedlich anfällig. Neben Weizen werden auch Dinkel und (selten) Roggen befallen. Zur Bekämpfung ist das Saatgut sorgfältig zu reinigen, damit noch vorhandene „Brandbutten" oder Teilstücke ausgesiebt werden. Vor der Aussaat muß chemisch gebeizt werden.

Der in Nordamerika beheimatete **Zwergsteinbrand** (*Tilletia contraversa* Kühn) tritt seit den dreißiger Jahren auch in Süddeutschland auf und breitet sich mehr und mehr aus. Charakteristisch sind starke Bestockung und Halmverkürzung (Verzwergung) befallener Pflanzen. Die Übertragung erfolgt nicht mit dem Samen sondern vom Boden aus, da der Pilz nur an der Bodenoberfläche keimt. Die Infektion erfolgt deshalb später als beim gewöhnlichen Steinbrand. Durch Behandlung der Bodenoberfläche mit Pentachlornitrobenzol- und

Hexachlorbenzol-Präparaten bis zu 4 Wochen nach der Aussaat kann der Befall gemindert werden, das Verfahren ist aber sehr teuer. Auch Beizmittel mit den gleichen Wirkstoffen setzen den Befall herab. Mit der üblichen Saatgutbeizung wird kein Bekämpfungserfolg erreicht. Da Sommerweizen nicht befallen wird, sollte auf verseuchten Böden dieser bevorzugt angebaut werden.

Zur gleichen Familie gehört der **Roggenstengelbrand** (*Urocystis occulta* Rabenh.) Die Sporenlager werden nicht in den Körnern sondern in Streifen auf Halmen, Blattscheiden und Blättern gebildet. Erkrankte Halme bleiben kurz, die Ähren sind ebenfalls kürzer als gesunde, sie bleiben oft mit der Spitze in der Blattscheide stekken. Beim Reifen der Brandlager reißen die Halm- oder Blattepidermis auf. Beim Dreschen gelangen die Sporen auf die Körner und werden mit diesen verschleppt. Durch chemische Saatgutbeizung wird diese Krankheit erfolgssicher bekämpft.

Aus der Familie der *Ustilaginaceae* sind die Erreger des **Weizenflugbrandes** (*Ustilago tritici* Jens.) und des **Gerstenflugbrandes** (*U. nuda* Rostr.) an erster Stelle zu nennen. Nach der Keimung der Wirtspflanze wächst das Pilzmyzel interzellular im Pflanzengewebe und dringt noch vor dem Schieben aus der Blattscheide in die jungen Ähren ein. Alle Blütenteile werden zerstört und durch die dunkelbraune Sporenmasse ersetzt. Nach dem Ährenschieben stäuben die Sporen aus und werden mit dem Wind oder durch Insekten auf die Narbe gesunder Blüten getragen; die Keimschläuche dringen in den Fruchtknoten ein. Befallene Körner sind äußerlich nicht als solche zu erkennen. Nach der Aussaat beginnt mit der Keimung der Weizen- und Gerstenkörner auch das Wachstum des Pilzes in der Pflanze. Nach dem Ausstäuben der Sporen bleibt nur die nackte Ährenspindel zurück. Weizen- und Gerstenflugbrand sind bisher chemisch nicht zu bekämpfen. Das im Innern des Samenkorns überwinternde Dauermyzel kann nur durch das Verfahren der Heißwasserbeize vernichtet werden, das jedoch nur in speziellen Anlagen einwandfrei durchgeführt werden kann.

Auch beim **Haferflugbrand** (*Ustilago avenae* Jens.) werden die Blütenanlagen frühzeitig zerstört und in eine dunkle Sporenmasse umgewandelt. Die ausstäubenden Sporen setzen sich zwischen Spelze und Fruchtanlage gesunder Rispen fest und entwickeln dort das Myzel. Nach der Aussaat der Haferkörner im Frühjahr wächst der Pilz in die junge Pflanze ein. Die Bekämpfung erfolgt mit chemischen Beizmitteln.

Der **Gerstenhartbrand** (*Ustilago hordei* Lagerh.) und der **Haferdeckbrand** (*U. levis* Magn.) werden ähnlich wie der Weizensteinbrand durch das Zerschlagen der zu Sporenmasse verwandelten Körner beim Drusch auf die gesunden Körner verschleppt, an denen sie erst nach der Aussaat auskeimen. Die chemische Beizung führt auch gegen diese Brandkrankheiten zum Erfolg.

Die **Rostpilze** (*Uredinales*) gehören ebenfalls zu den Basidiomyceten. Sie zeichnen sich durch ihren Generationswechsel aus, der zumeist mit einem Wirtswechsel verbunden ist. Auf Blättern und am Halm der Getreidepflanzen treten zunächst kleine gelbliche Flecken auf, die sich bald zu rundlichen oder länglichen gelben, roten oder schwarzbraunen Pusteln entwickeln und ein rostfarbenes Sporenpulver enthalten. In den ersten Rostpusteln an der Getreidepflanze entwickeln sich die Sommersporen (Uredosporen), die durch den Wind verweht andere Getreidepflanzen infizieren. Später werden in den gleichen Lagern mehrzellige, von einer festen Membran umgebene Wintersporen (Teleutosporen) gebildet. Diese ergeben nach dem Auskeimen im nächsten Frühjahr die Basidien (S. 16), von denen sich die Basidiosporen abschnüren. Bei Rostarten mit Wirtswechsel muß die Basidiospore auf einen Zwischenwirt gelangen. Auf dem Zwischenwirt entwickeln sich aus dem im Gewebe wuchernden Myzel auf der Blattoberseite durchbrechende birnenförmige Behälter, die Pyknidien oder

Spermatogonien, in denen die Pyknidiosporen entstehen, die nur auf dem Zwischenwirt wieder auskeimen können, sowie auf der Blattunterseite die Äzidien, in denen die Bechersporen oder Äzidiosporen gebildet werden, die durch Wind, Insekten usw. auf das Getreide gelangen und den neuen Generationszyklus einleiten. Sämtliche Rostpilze, die im Getreideanbau eine Rolle spielen, gehören zur Gattung *Puccinia* (Tab. 1).

Tabelle 1

Wirtspflanzen der Rostpilze der Getreidearten

Art	Pyknidien und Äzidien	Uredo- und Teleutolager
Gelbrost *Puccinia graminis* Erikss. et Henn.	unbekannt	Weizen, Roggen, Gerste
Weizenbraunrost *P. tritici* Erikss.	*Thalictrum* sp.	Weizen
Roggenbraunrost *P. dispersa* Erikss. et Henn.	*Anchusa* sp.	Roggen
Gerstenbraunrost *P. simplex* Erikss. et Henn.	*Ornithogalum* sp.	Gerste
Schwarzrost *P. graminis* Pers.	*Berberis vulgaris* L.	Weizen, Roggen, Gerste, Hafer, Gräser
Haferkronenrost *P. coronifera* Kleb.	*Rhamnus cathartica* L.	Hafer, Gräser

Von dem soeben geschilderten normalen Entwicklungsgang weichen einige Rostpilze, z. B. der **Gelbrost** (*P. glumarum* Erikss. et Henn.) ab. Für ihn ist bisher kein Zwischenwirt bekannt geworden. Am Getreide –

vornehmlich am Weizen, gelegentlich an Gerste, selten auch am Roggen, fällt er durch seine leuchtend gelben Uredolager auf. Im Herbst werden auch Teleutosporen gebildet, doch ist deren weiteres Schicksal unbekannt. Feuchtwarme Frühjahrswitterung und nasses, kühles Vorsommerwetter begünstigen die Ausbreitung der Krankheit. – Dem Weizen wird weiterhin der **Weizenbraunrost** (*P. triticina* Erikss.) gefährlich. Zwischenwirte sind Wiesenraute-Arten (*Thalictrum* sp.), ein Wirtswechsel ist aber nicht unbedingt notwendig, da das Myzel der Uredolager auch in der Weizenpflanze überwintern kann. Die Uredolager werden als braune Pusteln auf Blättern und Blattscheiden ausgebildet. – Der **Roggenbraunrost** (*P. dispersa* Erikss. et Henn.) schädigt in ähnlicher Weise den Roggen. Zwischenwirte sind die Ochsenzungen-Arten (*Anchusa* sp.), die im August von den Basidiosporen infiziert werden. Die Äzidiosporen gelangen im Herbst auf den jungen Winterroggen, noch im Herbst werden die ersten Uredolager sichtbar. – Der gefährlichste Rostpilz der Gerste ist der **Gerstenbraunrost** oder **Gerstenzwergrost** (*P. simplex* Erikss. et Henn.), dessen braune Uredolager im Juli auf der Blattoberseite erscheinen, und dessen Teleutolager etwas später auf der Blattunterseite gebildet werden. Zwischenwirte sind Milchstern-Arten (*Ornithogalum* sp.). Wie der Weizenbraunrost kann auch der Gerstenzwergrost im Uredo-Stadium überwintern und ist nicht unbedingt auf einen Wirtswechsel angewiesen. – Den größten Wirtspflanzenkreis hat der **Schwarzrost** (*P. graminis* Pers.), der Weizen, Roggen, Gerste, Hafer und eine große Zahl von Gräsern befällt. Er ist Kosmopolit. Seine Wärmeansprüche sind hoch, in Mitteleuropa ist er daher ein Hochsommerparasit. An Blättern, Stengeln, Spelzen und Körnern werden ab Juli die streifenförmigen rotbraunen Uredolager sichtbar, später erscheinen die schwarzen Teleutolager. Die Teleutosporen überwintern an Stroh- und Stoppelresten. Im Frühjahr müssen die Basidiosporen auf junge Berberitzenblätter gelangen, wo zunächst die Pyknidien, später auf der Blattunterseite die Äzidien entwickelt werden. Innerhalb der Art gibt es mehrere auf bestimmte Wirtspflanzen spezialisierte Formen, z. B. **Weizenschwarzrost** auf Weizen und Gerste, **Roggenschwarzrost** auf Roggen und Gerste, **Haferschwarzrost** auf Hafer sowie einigen Gräsern. — Der gefährlichste Rostpilz für den Hafer ist der **Haferkronenrost** (*P. coronifera* Kleb.) der auch auf einigen Gräsern (Glatthafer, Weidelgräser, Wiesenschwingel u. a.) auftreten kann. Im Juni werden auf den Blattspreiten die kleinen, länglichen, orangefarbenen Uredolager sichtbar, später entwickeln sich ringförmig um diese die schwarzen Teleutolager. Die zweizellige Teleutospore trägt einen kronenartigen Fortsatz. Zwischenwirt ist der Kreuzdorn (*Rhamnus cathartica* L.). Der Pilz ist an den Wirtswechsel gebunden.

Eine chemische Bekämpfung der Rostpilze im Getreidebau ist heute noch nicht möglich. Eine gewisse Befallsminderung kann von der Ausschaltung der Zwischenwirte bei den an den Wirtswechsel fest gebundenen Arten erwartet werden, doch ist zu bedenken, daß die Sommersporen von den Zwischenwirten mit Luftströmungen auf große Entfernungen verschleppt werden können. Kulturmaßnahmen, die die Entwicklung der Wirtspflanze fördern, wirken gleichzeitig schadmindernd. In rostgefährdeten Gebieten sollten nur als rostresistent bekannte Getreidesorten angebaut werden, wenn auch die Einschränkung gemacht werden muß, daß gerade die Getreiderostpilze stark zur Rassenbildung neigen und neu entstandene oder eingeschleppte biologische Rassen auch die bisher als resistent bekannten Getreidesorten angreifen können.

Dunkle, zumeist hell umrandete Längsstreifen auf den Blättern, die später aufreißen, kennzeichnen die **Streifenkrankheit der Gerste** (*Helminthosporium gramineum* Erikss.). Die befallenen Pflanzen bleiben in der Entwicklung zurück. In den Ähren werden keine oder nur Schmachtkörner ausgebildet. Solche Ähren ragen zur Erntezeit senkrecht empor. Oft bleiben auch die Ähren beim Schieben mit den Grannen in der Blattscheide stecken. Beim Reifen der Sporenlager auf den

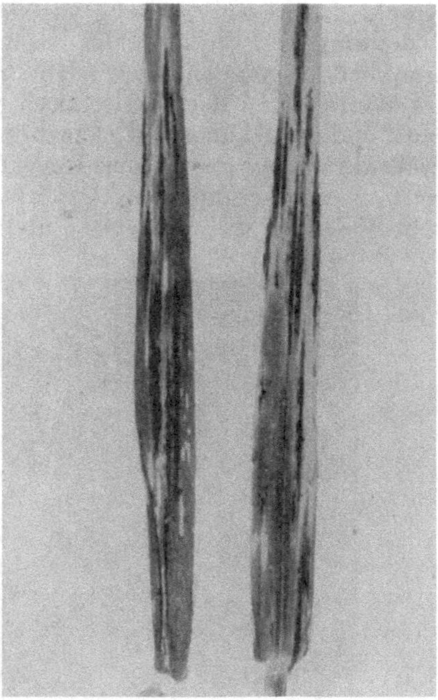

Abb. 1: Streifenkrankheit der Gerste (Bild LANGE – DE LA CAMP)

Blättern werden die Sporen mit dem Wind auf Ähren gesunder Gerstenpflanzen verweht. Zwischen Spelze und Fruchtanlage entwickelt sich ein Pilzgeflecht, das nach der Aussaat infizierter Körner in die Keimpflanze eindringt. Da der Pilz mit dem Samen übertragen wird, ist Gerstensaatgut unbedingt chemisch zu beizen. Die Krankheit wird durch kühle Temperaturen während der Keimung der Gerste begünstigt. Daher soll Wintergerste möglichst früh, Sommergerste spät gedrillt werden.

Unter der Bezeichnung **Fußkrankheiten** werden Schädigungen der Wurzel oder der Halmbasis zusammengefaßt, die durch Kulturfehler, ungünstige Witterungsbedingungen, tierische Schädlinge oder pflanzliche Krankheitserreger verursacht werden. Von besonderer Bedeutung sind die auf Pilze zurückzuführenden Fußkrankheiten, von denen vor allem die **Schwarzbeinigkeit des Weizens** und der **Gerste** durch *Ophiobolus graminis* Sacc. und die **Halmbruch-, Augenfleck-** oder **Medaillonfleckenkrankheit** an Weizen, Roggen, Gerste und Hafer genannt werden müssen. *Ophiobolus graminis* greift vom Boden her die Wurzeln an und verursacht Schwär-

Abb. 2.: Halmbruchkrankheit (Bild LANGE – DE LA CAMP)

zung und Vermorschung der Wurzeln und des Halmgrundes. Die Infektion geht von aus dem Vorjahr stammenden Pflanzenresten aus. Auf verseuchten Flächen dürfen daher Weizen oder Gerste nicht nach sich selbst angebaut werden. – *Cercosporella herpotrichoides*

Fron., der Erreger der Halmbruchkrankheit, ist in unseren Getreideanbaugebieten weit verbreitet. Die Infektion erfolgt von der Stoppel und vom Ausfallgetreide her, die dem Erreger gute Überwinterungsmöglichkeiten bieten. An den infizierten Pflanzen werden zunächst langgestreckte, beigefarbene, dunkelumrandete Flecke in der Nähe des Halmgrundes sichtbar, in deren Bereich das Wirtsgewebe durchwuchert und zerstört wird. Stark befallene Pflanzen sterben ab, es handelt sich um eine pilzparasitär bedingte Auswinterung. Zur Bekämpfung können nur Kulturmaßnahmen empfohlen werden, in erster Linie die Einhaltung einer richtigen Fruchtfolge mit einer zwei- bis dreijährigen Getreidepause, sowie Einschaltung eines mehrjährigen Gras-, Kleegras- oder Luzerneanbaus in die Fruchtfolge. Nach der Getreideernte soll die Stoppel sofort geschält werden.

Dunkelviolette, hornartig gekrümmte, bis zu 4 cm lange Gebilde in Roggenähren werden als **Mutterkorn** bezeichnet. Es handelt sich dabei um die Dauerorgane (Sklerotien) des Ascomyceten *Claviceps purpurea* Tul. Diese Dauerorgane fallen kurz vor oder bei der Ernte zu Boden und bilden nach mindestens dreimonatiger Ruhe kleine „Hutpilze“, deren Sporen durch den Wind oder durch Insekten auf die Roggenblüten gelangen. Bei der modernen Getreidereinigung werden die Sklerotien des Mutterkorns fast restlos entfernt. Die Krankheit ist daher bei uns selten geworden. Mehl aus Getreide, in dem sich noch Sklerotien befinden, ist für den Menschen giftig. In der Medizin spielen aus Mutterkorn gewonnene Arzneimittel eine große Rolle.

Blattfleckenkrankheiten des Hafers werden von verschiedenen Pilzen und Bakterien verursacht. Am weitesten verbreitet sind die auf *Helminthosporium avenae* Eidam und auf *Septoria avenae* Frank zurückzuführenden Erkrankungen. *Helminthosporium avenae* ruft die **Braunfleckigkeit des Hafers** hervor. Der Pilz überwintert an erkrankten Pflanzenteilen und wird mit dem Samen übertragen. Im Frühjahr werden die Pflanzen bereits vor dem Auflaufen oder bald danach abgetötet. Von den erstbefallenen Pflanzen aus werden die benachbarten Pflanzen angesteckt. Zunächst werden punktförmige Aufhellungen auf den Blättern sichtbar, die später zu violetten, ovalen oder runden, im Zentrum helleren Blattflecken werden; diese können sich durch Weiterausbreitung des Erregers zu langgestreckten, braunen Gewebeverfärbungen ausdehnen. Stark befallene Blätter sterben ab. Durch Saatgutbeizung kann der mit dem Samen übertragbare Erreger abgetötet werden. Die durch *Septoria avenae* verursachten spindelförmigen, violetten Blattflecke können zunächst mit der Braunfleckigkeit verwechselt werden. Später entwickeln sich daraus unregelmäßig runde oder spindelförmige, braune bis rotbraune Flecke, die zumindest im Anfang eine rötliche Randzone aufweisen. Im Gegensatz zu *Helminthosporium avenae* bleiben diese Blattflecke lokal begrenzt; mehrere Flecke können miteinander verschmelzen.

Als erster pflanzenparasitärer Nematode wurde 1743 von dem Engländer Needham das **Weizenälchen** oder **Weizengallenälchen** (*Anguina tritici* Filipjev) entdeckt. Es spielt heute noch in vielen weizenanbauenden Ländern eine Rolle, bei uns gehört es zu den Pflanzenschädlingen, die keine Bedeutung mehr haben, weil durch die heute übliche Saatgutreinigung die befallenen Körner, die „Radekörner“ hundertprozentig entfernt werden können. Nur in Süddeutschland wird es gelegentlich noch im Dinkel-Anbau gefährlich. Die Älchen gelangen bei der Aussaat mit den Radekörnern in den Boden. Dort werden die Nematoden frei, wandern in die Jungpflanzen ein und werden in diesen passiv bis zu den Blütenanlagen getragen, in die sie eindringen. An Stelle der normalen Körner entwickeln sich die „Radekörner“. Die befallenen Weizenkörner sind zunächst blaugrün verfärbt, später schwarzbraun und hart, im Inneren sind sie mit tausenden weißer Älchen gefüllt. Da sie kleiner sind als gesunde Weizenkörner, lassen sie sich bei der Saatgutreinigung sehr leicht entfernen, beim Dinkel unterscheiden sich die befallenen Körner in der Größe kaum von den gesunden, Saatgutreinigung führt daher nicht zu dem gleichen Erfolg. Neben Weizen und Dinkel können auch Roggen und Emmer befallen werden.

Die **Stockkrankheit des Roggens** ist bereits seit dem Jahr 1825 bekannt. Der Erreger dieser Krankheit, das **Stengel-** oder **Stockälchen** (*Ditylenchus dipsaci* Kühn) wurde jedoch erst 1857 von Julius Kühn aus den Blütenköpfen der Weberkarde (*Dipsacus fullonum* L.) beschrieben und erst 1868 konnte Kühn nachweisen, daß der gleiche Nematode die Stockkrankheit des Roggens verursacht, heute ist er von vielen Kulturpflanzen als gefährlicher Schädling bekannt. Er tritt in mehreren Rassen mit verschiedenen Wirtspflanzenkreisen auf. Da jedoch an vielen Wirtspflanzen mehrere Rassen vorkommen können, ist die genaue Feststellung, um welche Rasse es sich im Einzelfall handelt, oft schwierig. Getreide, vor allem Roggen und Hafer, wird im Längenwachstum gehemmt, die Pflanzen bestocken sich stark, die Blätter sind gewellt und verkrümmt, die Pflanzenbasis ist zwiebelartig angeschwollen. Auf verseuchten Flächen sollen Winterroggen und Hafer nicht nacheinander angebaut werden, günstige Vorfrüchte sind Kartoffeln und Weizen. Da die Roggenrasse auch Unkräuter befällt, müssen alle Maßnahmen zur Unkrautbekämpfung sorgfältig durchgeführt werden.

Von den zystenbildenden Nematoden kommt dem **Haferzystenälchen** (*Heterodera avenae* Woll.) in Gebieten mit intensivem Haferanbau besondere Bedeutung zu. Neben Hafer werden auch Sommergerste, Weizen, Roggen sowie einige Gräser befallen. Die Pflanzen bleiben im Wachstum zurück, die Blattspitzen verfärben sich rötlich und können vergilben. An den struppig ausgebildeten Wurzeln können etwa 9 Wochen nach der Aussaat die jungen Weibchen festgestellt werden. Die Zysten sind zitronenförmig. Sie sehen denen der Rübennematoden (S. 98) sehr ähnlich. Es wird nur eine Generation gebildet. Bei Befall von Winterung kann die Entwicklung im Winter ruhen und im Frühjahr fortgesetzt werden. Zur Bekämpfung müssen Hafer- und Sommergerstenanbau für ein bis zwei Rotationen ausgesetzt werden.

Abb. 3: Schädigung durch die Hafermilbe (Bild FRITZSCHE)

Unter den Milben wird dem Hafer, z. T. auch der Gerste, dem Roggen und einigen Gräsern die **Hafermilbe** (*Steneotarsonemus spirifex* March.) gefährlich. Die Milben leben zwischen Blattscheide und Halm. Ihre Saugtätigkeit führt zur Verfärbung der Blattspitzen sowie zu korkzieherartigen Verkrümmungen der Rispenspindel und der Ährchenstiele. Befallene Pflanzen bleiben klein, vergilben und welken vorzeitig. Die Krankheit wird auch als „Senger“ und als „Milbenschwindsucht“ bezeichnet.

Auf schweren, lehmigen und tonigen Böden kann der **Getreidelaufkäfer** (*Zabrus tenebrioides* Goeze) erhebliche Ausfälle verursachen. Die 15 mm langen, mattschwarzen Käfer werden ab Ende Juni auf den Getreidefeldern beobachtet. Sie halten sich am Tage unter Steinen und in Erdspalten verborgen, nachts, bei sehr hoher Luftfeuchtigkeit auch am Tage, suchen sie die Ähren auf und befressen die milchreifen Körner. Ab Ende Juli legen sie ihre Eier in den Boden der Getreideflächen. Im Herbst schlüpfen die Larven. Schon im Herbst, vor allem aber im Frühjahr, werden die Schäden durch die Larven des Getreidelaufkäfers auffällig. Die bis 2,5 cm lang werdende, unterseits gelblich-weiße, oberseits braune Larve lebt in bis zu 30 cm langen Erdröhren, die in der Nähe der jungen Getreidepflanzen senkrecht in den Boden gehen. Die Öffnung ist mit einem Wall feinkörniger Erde umgeben. Am Tage zieht sich die Larve in diese Röhren zurück. Nachts zerkaut sie die jungen Blätter, deren Säfte sie aufsaugt. Die unverdaulichen Blattrippen bleiben als wergartig zusammengeknäulte Faserbündel zurück, die gelegentlich mit ihren Spitzen in die Wohnröhren eingezogen sein können. Die Larve verpuppt sich ab Ende Mai im Boden. Da die trägen Käfer die Getreideflächen, auf denen sie sich entwickelt haben, kaum verlassen, ist bei Anbau von Getreide auf Getreide die Nachfolgefrucht besonders gefährdet. Aber auch von benachbarten Eiablageflächen her können die wanderlustigen Larven zuwandern. In diesen Fällen ist der vom Feldrand ausgehende zur Feldmitte vorschreitende Schaden charakteristisch. Bei Befall der Gesamtfläche ist die Bekämpfung schwierig. Bei Zuwanderung der Larven sind nach den ersten Schadfeststellungen am Feldrand an der Grenze zwischen befallenem Feldrand und noch unbefallener Feldfläche Fanggräben zu ziehen, die mit synthetischen Kontaktinsektiziden begiftet werden. Auch ein Stäuben der befallenen Randzone mit DDT- oder Lindanpräparaten wird empfohlen.

Vergilben und Absterben des Herzblattes junger Getreidepflanzen, deren äußere Blätter zunächst noch eine Zeitlang grün bleiben, kennzeichnen den Befall der Pflanze durch Fliegenmaden. Das vergilbte Herzblatt läßt sich zumeist leicht herausziehen, es ist am Grunde zerfressen und abgefault. Derartige Schadbilder werden durch die Larven der **Fritfliege** (*Oscinella sp.*) und der **Brach-** oder **Getreideblumenfliege** (*Phorbia coarctata* Fall.) verursacht. Während die Fritfliegenmade ihre Gesamtentwicklung in einer einzigen Getreidepflanze durchläuft, benötigt die Brachfliegenlarve mehrere Pflanzen zur Ernährung. Sie wandert daher in der Pflanzenreihe und zerstört mehrere nebeneinanderstehende Pflanzen. Außerdem legt die Brachfliege vor der Getreideaussaat ihre Eier in Haufen in den Boden, so daß in einem bestimmten Umkreis eine größere Anzahl von Larven die Pflanzen befallen. Es kommt daher bei Brachfliegenbefall zu einem nesterartigen Absterben der Getreidepflanzen. Die Fritfliegen legen ihre Eier an die jungen Getreidepflanzen. Sie orientieren sich dabei optisch und wählen über das Feld verstreut nach der Form geeignete Pflanzen zur Eiablage aus. Nesterweises Absterben ist daher selten. Beim Vergilben des Herzblattes können die Fritfliegenlarven oder die Tönnchenpuppen zumeist noch in der Pflanze gefunden werden, die Brachfliegenlarven dagegen sind dann bereits zu den Nachbarpflanzen abgewandert und müssen dort gesucht werden. Die gelblichweißen Fritfliegenmaden werden bis zu 4 mm lang und tragen am Hinterende zwei deutliche Zäpfchen, die Brachfliegenlarven dagegen werden bis zu 7 mm lang und zeichnen sich am abgeschrägten Hinterende durch 6 spitze Erhebungen aus.

Bei dem Begriff „Fritfliege“ handelt es sich um eine schwer zu unterscheidende Artengruppe. Inwieweit diese sich auch in bezug auf die Lebensweise und den Wirtspflanzenkreis unterscheiden, ist noch nicht bekannt. Als ziemlich sicher gilt, daß in Europa vornehmlich *Oscinella frit* L. dem Getreide schädlich wird.

Wahrscheinlich kommt auch *O. pusilla* Meigen Bedeutung zu. Inwieweit noch andere Arten eine Rolle spielen bedarf der Klärung. — Die Fritfliegen treten bei uns zumeist in drei Generationen auf. Die erste Generation fliegt Ende April bis Ende Mai und legt die Eier an das Sommergetreide, vor allem an Hafer. Ab Ende Juni fliegt die zweite Generation, die die Eier an Seitensprosse, an junge Gräser oder in die Rispen des Hafers sowie die Ähren von Gerste ablegen. Die dritte Generation fliegt im Spätsommer und Frühherbst, sie legt die Eier an das Wintergetreide. Zumeist ist gegen Ende September der Fritfliegenflug beendet. Sehr früh bestellte Wintergetreideflächen sind daher besonders gefährdet. Im Gegensatz dazu soll aber das Sommergetreide frühzeitig gedrillt werden, da die Larven nur in die Pflanzen eindringen können, wenn das Blattgewebe noch jung und zart ist. Die Pflanzen sollen zur Flugzeit schon kräftig sein. Bei Ähren- und Rispenbefall werden die jungen Samenanlagen vernichtet. Die Verpuppung findet am Fraßort statt. Eine chemische Behandlung mit Stäube- oder Spritzmitteln ist nicht wirtschaftlich.

Für die Brachfliege (*Phorbia coarctata* Fall.) wird in allen Lehrbüchern angegeben, daß sie ihren Namen der Tatsache zu verdanken hat, daß sie ihre Eier auf brachliegende, d. h. unbewachsene Flächen ablegt. Nach neueren Untersuchungen werden jedoch weder brachliegende Flächen noch größere Fehlstellen im Bestand zur Eiablage bevorzugt, vielmehr können die Eier auch in den Boden bewachsener Flächen gelegt werden. Die Larve überwintert in der Eihülle, im zeitigen Frühjahr schlüpfen die Larven und suchen ihre Wirtspflanzen, in erster Linie Weizen, daneben Roggen, Wintergerste, Quecke und Rispengräser auf. Die Brachfliege ist vor allem ein Schädling der Gebiete des atlantisch-maritimen Klimabereichs.

Fritfliege und Brachfliege gehören zu den Dipteren (S. 23). Aus der gleichen Ordnung spielen auch einige

Gallmücken (*Itonididae* = *Cecidomyidae*) als Getreideschädlinge eine Rolle.

Sehr große Beachtung verdient die **Hessenfliege**, besser **Hessenmücke** (*Mayetiola destructor* Say). Sie ist nicht nur aus den europäischen Weizenanbaugebieten bekannt sondern auch aus Neuseeland, Australien und Nordamerika. Daß sie jedoch im Jahre 1779 durch nach Nordamerika verkaufte hessische Truppen dorthin verschleppt wurde, wird heute als Legende angesehen. Es handelt sich bei den aus Nordamerika bekannt gewordenen Tieren wahrscheinlich um mehrere biologische Rassen der gleichen Art. Auch für die aus Bayern unter dem Namen *M. secalis* Bollow beschriebene Roggenstengelgallmücke wird vermutet, daß sie nur eine biologische Rasse der *M. destructor* ist. — Die Hessenmücke tritt bei uns normalerweise in zwei Generationen auf. Die ersten Mücken fliegen Ende April bis Anfang Mai. Sie legen ihre Eier an die Blätter von Roggen, Weizen und Gerste. Die Larven wandern blattabwärts in die Blattscheide zwischen Halm und Blatt. Der von ihnen abgesonderte Speichel löst das Pflanzengewebe auf, die aus gelöstem Pflanzengewebe und Speichel bestehende Flüssigkeit wird dann aufgesaugt (extraintestinale Verdauung). Dabei bilden sich Einschnürungen am Halm, der an diesen Stellen leicht umbricht. Ab Ende Juli fliegen die Mücken der zweiten Generation. Von den Weibchen werden die Blätter von Ausfallgetreide, Quecken usw. mit Eiern belegt. Die Larven entwickeln sich in diesen Pflanzen noch bis zur Tönnchenbildung, das Tönnchen überwintert in den Pflanzen oder, falls diese untergepflügt werden, im Boden.

Aus Nordeuropa sind wiederholt Schäden an Weizen, Gerste und Roggen durch die Larven der **Sattelmücke** (*Haplodiplosis equestris* Wagner) gemeldet worden, die in den letzten Jahren auch in Schleswig-Holstein stark aufgetreten ist. Ihre blutroten Larven leben unter den Blattscheiden über dem obersten Halmknoten. Hier bildet sich eine sattelförmige Galle. Hauptwirtspflanze scheint nach den neuesten Untersuchungen die Quecke zu sein, neben der aber auch andere Wildgräser befallen werden.

Die größte Bedeutung kommt zur Zeit den beiden **Weizengallmücken** zu, der Gelben Weizengallmücke (*Contarinia tritici* Kirby) und der Roten Weizengallmücke (*Sitodiplosis mosellana* Géhin). Die Gelbe Weizengallmücke fliegt zur Zeit des Ährenschiebens der Weizenpflanzen. Die Weibchen legen ihre Eier zwischen Deck- und Vorspelze einer Blüte ab. Die Larven besaugen den Fruchtknoten und die Staubgefäße, die Blüten bleiben taub. Die Rote Weizengallmücke fliegt etwas später, während der Blütezeit des Weizens. Die Weibchen legen die Eier in die offene Blüte. Die Larven greifen die Körner an, die verkrüppeln und schrumpfen. Das aus geschädigten Körnern gewonnene Mehl ist in der Backfähigkeit gemindert. Die Überwinterung der Larven erfolgt zumeist im Boden, die Larven der roten Weizengallmücke können sich auch in den Ähren zum Tönnchen verwandeln und mit den Garben in die Scheunen gelangen.

Zur Bekämpfung der Getreidegallmücken können als vorbeugende Maßnahmen eine weitgestellte Fruchtfolge, tiefes Pflügen zur Vernichtung der in der Stoppel oder im Boden überwinternden Tönnchen sowie Vernichtung der Quecken und anderer Wildgräser, die als Wirtspflanzen eine Rolle spielen können, empfohlen werden. Die Weizengallmücken können mit gutem Erfolg durch Einsatz von Nebelmitteln auf der Basis DDT-Lindan bekämpft werden, wenn die Flugzeit genau ermittelt wird.

Weiße, taube Ähren sowie Weißfärbung des Spitzenteils des Halmes der sonst grün bleibenden Pflanze ist das Kennzeichen für einen Befall der Pflanzen durch die Larve der **Getreidehalmwespe** (*Cephus pygmaeus* L.). Die Wespe legt im Mai die Eier an die obersten Halmknoten. Die Larven fressen sich halmabwärts, dabei zerstören sie das Knotengewebe. Am Halmgrund spinnen sie sich ein und überwintern dort, um sich im Frühjahr in der Stoppel zu verpuppen. Eine Bekämpfung des an Roggen, Weizen und gelegentlich an Gerste auftretenden Schädlings kann nur durch tiefes Unterpflügen der Stoppel oder durch Abbrennen der Stoppel erfolgen.

Sehr auffällig sind die ab Anfang Mai an den Getreideblättern sichtbar werdenden Fraßschäden der **Getreidehähnchen** (*Lema cyanella* L. und *L. melanopus* L.). Die mit schleimigem Kot bedeckten Larven schaben das Blattgrün so ab, daß nur die entgegengesetzte Epidermis als weißes Häutchen zwischen den stehenbleibenden Blattrippen erhalten bleibt (Fensterfraß). Während aus Südosteuropa starke Schäden bekannt sind, werden bei uns kaum Bekämpfungsmaßnahmen notwendig.

Als **Flissigkeit, Weißährigkeit, Weißrispigkeit** oder **Taubährigkeit** wird ein Krankheitskomplex bezeichnet, bei der eine Anzahl von Ährchen verkümmern und durch ihre weiße Färbung auffallen. Die Schädigung kann an der Spitze, in der Mitte oder an der Basis der Ähre bzw. Rispe auftreten. Diese Krankheitserscheinung hat verschiedene Ursachen. Zumeist handelt es sich um physiologische Schädigungen, die durch **Störung der Wasserversorgung** bedingt sein können. Auch **Spätfröste** können die gleichen Erscheinungen verursachen. Schließlich kommen Insekten als Erreger der Flissigkeit in Frage. Befall der Rispen und Ähren durch die zweite Generation der **Fritfliege** (S. 58) ist eine häufige Ursache. Nährstoffentzug durch die **Getreideblasenfüße** *Limothrips denticornis* Hal. und *Haplothrips aculeatus* F. kann wahrscheinlich eine Weißährigkeit hervorrufen, wenn die Tiere bei Verzögerung des Schossens die junge Ähre oder Rispe noch innerhalb der Blattscheide anstechen. Für den **Roten Weizenblasenfuß** (*Haplothrips tritici* Kurdj.), der gelegentlich stärker auftritt, gilt als sicher, daß er an Weißährigkeitserscheinungen nicht beteiligt ist.

Der wichtigste Schädling des lagernden Getreides ist der **Kornkäfer** (*Sitophilus* = *Calandra granaria* L.). Er ist über die ganze Erde verbreitet und als Speicherschädling gefürchtet. Aus verseuchten Lagerräumen kann er leicht verschleppt werden. Bei der Anlieferung ist daher das Getreide sorgfältig auf Käferbesatz zu untersuchen. Die Eier werden in die Getreidekörner abgelegt, in denen sich auch die Larven entwickeln. Die Käfer befressen die Körner von außen her. — Leere Speicher sollen mit Lindan-DDT-Mitteln ausgespritzt oder ausgestäubt werden. Kleinere Getreidemengen können mit einem Lindan-Pudermittel behandelt werden. Soll jedoch derartig begiftetes Getreide zu Mehl verarbeitet werden, ist es zunächst in der Windfege sorgfältig zu reinigen und vor der Vermahlung im Verhältnis 1:1 mit nicht behandeltem Getreide zu verschneiden. In Speichern ist eine Behandlung mit Phosphorwasserstoff-Präparaten zu empfehlen, deren Anwendung aber erlaubnispflichtig ist. Zur Entseuchung von Getreide in Silos wird Äthylenoxid verwendet. Auch der Umgang mit diesen Präparaten ist konzessionspflichtig. — Vom Kornkäfer befallenes Getreide erwärmt sich. Zusammen mit der zumeist hohen Feuchtigkeit werden Verpilzung und Vermilbung gefördert. Bei Milbenbesatz ist für die Verfütterung größte Vorsicht geboten.

II. Krankheiten und Schädlinge des Maises

Als gefährlichste Pilzkrankheit im Maisanbau gilt der in allen maisanbauenden Ländern anzutreffende **Maisbeulenbrand**. Der Erreger dieser Krankheit (*Ustilago zeae* Ung.) ist mit den Erregern der Brandkrankheiten der Getreidearten verwandt. Er verhält sich aber in bezug auf die Infektion anders. Für den Erreger des Maisbeulenbrandes ist die Triebinfektion charakteristisch. Der Erreger kann während der gesamten Vegetationsperiode die verschiedensten Organe der Pflanze infizieren. Das Pilzmyzel durchwächst die Pflanze nicht wie bei den Brandpilzen der Getreidearten, es bleibt auf die Infektionsstelle beschränkt und führt hier zur Bildung einer Brandbeule. Solche Brandbeulen können Faustgröße erreichen und sind zunächst von einem silbergrauen Häutchen umgeben. Sie können an den Stengeln, an Blättern, an der Rispe und am Kolben auftreten. Bei der Reife platzen sie auf, die schwarzen Sporen stäuben aus, werden vom Wind auf die Nachbarpflanzen geweht, gelangen auf die Bodenoberfläche oder werden durch Insekten verschleppt. Unter letzteren kommt dem Ohrwurm (*Forficula auricularia* L.) eine besondere Bedeutung für die Übertragung der Brandsporen zu. — Bei Kolbeninfektion können die Pilzsporen auch mit dem Saatgut übertragen werden. In der Hauptsache erfolgt jedoch die Infektion vom Boden vorjähriger Maisfelder aus, wenn die Brandbeulen nicht rechtzeitig, d. h. vor dem Aufplatzen entfernt wurden. Da Samenübertragbarkeit möglich ist, soll Maissaatgut auf jeden Fall vorbeugend gebeizt werden. Eine Beizung bietet jedoch keinen Schutz gegen eine Bodeninfektion. In der Hauptsache soll darauf geachtet werden, die Brandbeulen rechtzeitig aus den Maispflanzen auszubrechen und zu verbrennen. Von einer Verfütterung brandbeulenhaltigen, grünen Maisstrohes wird abgeraten. Zwar sind die Ansichten über die Wirkung des Maisbeulenbrandes auf Haustiere sehr unterschiedlich, in Mexiko sollen junge Maisbrandbeulen sogar vom Menschen verzehrt werden, andererseits gibt es jedoch auch viele Mitteilungen über Vergiftungen von Großvieh, insbesondere Pferden und Eseln, durch Maisbrandbeulen. Bei der Silage sollen die Sporen nach etwa fünf Wochen infektionsuntüchtig werden.

Keimlings-, Wurzel-, Stengel-, Kolben und Körnerfäulen können durch mehrere *Fusarium*-Arten verursacht werden, von denen *F. poae* Wr., dem Erreger der **Weißfäule des Maiskolbens**, besondere Bedeutung zukommt. Die Kolben sind von der Spitze ausgehend unter den Hüllblättern mit einem watteartigen, weißen Belag überzogen, die Körner lassen sich schwer lösen.

Der Pilz tritt auch an anderen Teilen der Maispflanze auf, insbesondere ruft er Fäulnis im Bereich der Knoten hervor. Als Schwächeparasit schädigt er vor allem durch andere Ursachen geschädigte Pflanzen. Er tritt z. B. häufig im Zusammenhang mit der Weißrissigkeit auf, die sich durch Aufreißen der Samenschale bei starken Witterungsschwankungen während der Milchreifezeit der Körner äußert. Auch zwischen dem Auftreten der **Grashalmmilbe** (*Siteroptes graminis* Reuter), die an verschiedenen Gramineen vorkommt, und der Weißfäule bestehen Beziehungen. Die Milbe verbreitet den Pilz und findet an dem faulenden Pflanzengewebe gute Ernährungsbedingungen. Sie soll bei Mais auch primär abnormen Kolbenwuchs und Beeinträchtigung der Kornausbildung bis zur Sterilität verursachen. *F. poae* hat einen sehr großen Wirtspflanzenkreis, der nicht nur die Gramineen umfaßt. Das erste Auftreten in Mitteleuropa wurde 1912 an Nelken beobachtet. Im Maisanbau ist der Kolbenbefall erst bei der Ernte zu erkennen. Weißfaule Kolben sollen vernichtet werden. Von einer Verfütterung solcher Kolben wird abgeraten, da bestimmte Pilzstämme Toxine bilden, die für Mensch und Tier gesundheitsschädlich sind.

Die Ausweitung des Maisanbaues in der DDR ließ die Befürchtung aufkommen, daß neben dem auf den früher vorhanden gewesenen Kleinflächen fast jedes Jahr beobachteten Maisbeulenbrand die tierischen Schädlinge besorgniserregend auftreten würden. Die 1957 und in den Folgejahren beobachteten Schäden durch die Fritfliege schienen diese Ansicht zu bestätigen. Die **Fritfliege** (*Oscinella* sp.), die als Schädling anderer Getreidearten große Bedeutung hat, ist auch früher schon an Mais aufgetreten, ihr beachtenswertes Auftreten im Jahr 1957 hat aber zwei Gründe. Die ungünstige Frühjahrswitterung hatte ein verspätetes Schlüpfen der ersten Generation zur Folge. Die Eiablage fiel in eine Periode, in der das Sommergetreide auf die sich optisch nach der Pflanzenform orientierenden Fliegen (S. 58) nicht mehr anlockend wirkte, während sich die Maispflanzen in einem für die Anlockung günstigen Entwicklungsstadium befanden. Auch in den Folgejahren ist gebietsweise die Fritfliege als Maisschädling aufgetreten (z. B. 1965). Die ursprünglich geäußerten Befürchtungen, daß sie zu einem Dauerschädling für unseren Maisanbau werden

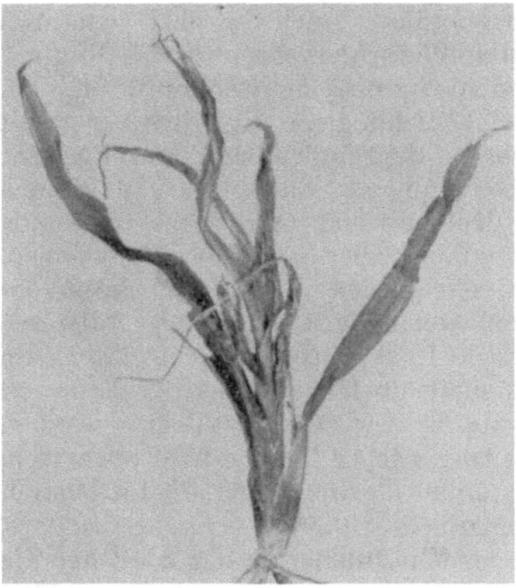

Abb. 4 Durch Fritfliege geschädigte Maispflanze

würde, haben sich aber nicht bestätigt. – Die durch die Fritfliegenlarven geschädigten Pflanzen sind an den zerschlitzten, durchlöcherten, welligen und mehr oder weniger gedrehten Blättern kenntlich. In der Pflanze kann oft die Larve noch gefunden werden. Gut wüchsige Pflanzen schieben jedoch die Larven heraus und überwachsen die Anfangsschädigung. Bei Grün- und Silomais besteht in unseren Breiten nur selten die Gefahr für eine ernste Schädigung.

Blattlausschäden an Mais sind bisher Einzelerscheinungen geblieben. Ein 1960 im Gebiet von Erfurt beobachtetes Auftreten der in wärmeren Gebieten heimischen Maisblattlaus (*Rhopalosiphum maidis* Fitch), das auf einen durch Wind begünstigten weiträumigen Transport der Blattläuse aus südlichen Ländern erklärt wird, hat gezeigt, daß diese Blattlaus bei Windverschleppung sich bei uns zwar vermehren und schädlich werden kann, aber unter unseren klimatischen Bedingungen den Winter nicht übersteht. Neben *R. maidis* können gelegentlich einige andere Arten aus der gleichen Gattung am Mais beobachtet werden, ohne jedoch bisher eine ernste Bedeutung gewonnen zu haben.

Drahtwurm- und Erdraupenschäden, die wiederholt beobachtet wurden, lassen sich vermeiden, wenn bei der Auswahl der Anbaufläche auf Besatz mit Bodeninsekten geachtet wird. Gegen Drahtwürmer sollte Mais vor der Aussaat mit Lindanpudermitteln behandelt werden.

Krähen, Elstern und **Dohlen** reißen die Jungpflanzen aus dem Boden heraus, fressen das weiche Korn und lassen die grünen Stengel- und Blatteile liegen. Die

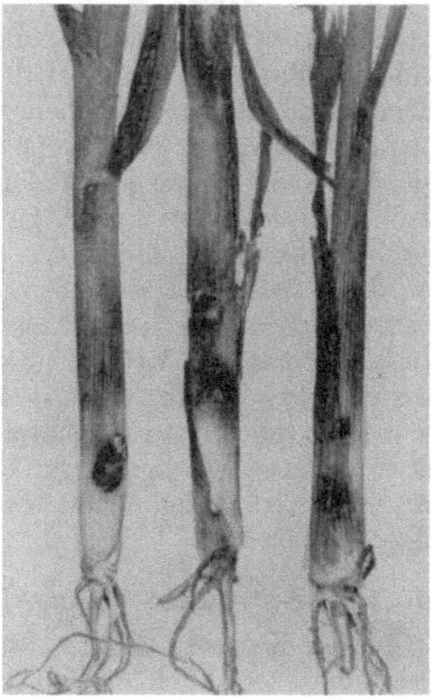

Abb. 5: Erdraupenfraß an Mais

Kolben werden von Hamstern, Sperlingen, Krähen, Elstern, Dohlen und Eichelhähern angegriffen. Der **Hamster** nagt die Hüllblätter ab und frißt die Körner heraus. **Krähen, Elstern, Dohlen** und **Eichelhäher** zerschlitzen die Hüllblätter, um an die Körner zu gelangen, **Sperlinge** beschädigen zumeist nur die Spitze des Kolbens zur Zeit der Milchreife. Sie lockern die oberen Hüllblätter und hacken Höhlungen in die freigelegten Körner.

Der gefürchtetste Schädling des Maises ist der **Maiszünsler** (*Pyrausta nubilalis* Hb.), der in fast allen Maisanbaugebieten der Erde auch in Süd- und Südwestdeutschland, stark auftritt. Da er aus dem Gebiet der DDR auch von Beifußgewächsen bekannt ist, die neben anderen als Wirtspflanze in Frage kommen, muß auf sein Auftreten in Maiskulturen geachtet werden. Ob er sich bei uns zu einem ernst zu nehmenden Maisschädling entwickeln wird, muß abgewartet werden. — Er legt seine Eier in Haufen von 15—20 Stück an die Unterseite der oberen Blätter, die Raupen dringen in den Stengel ein. Beginnt der Fraß vor dem Schieben der Rispen, knicken diese um, sonst ist der Befall an dem aus den Einbohrlöchern ausgestoßenen Raupenkot und Bohrmehl zu erkennen. Die Raupe dringt auch in die Kolben ein, an denen der ausgeschiedene Kot vermischt mit dem Bohrmehl besonders auffällig wird. Wesentlicher als die Kolbenschädigung durch die Raupen des Maiszünslers ist die Ansiedlung von *Fusarium*-Arten auf den befressenen Körnern. Der Pilz geht von dort aus auch auf die unbefressenen Körner über und beeinträchtigt wesentlich ihre Keimfähigkeit. Die Raupen überwintern in den Stoppeln und verpuppen sich hier im Frühjahr. Rechtzeitige Vernichtung der Ernterückstände im Herbst trägt daher wesentlich zur Bekämpfung des Maiszünslers bei.

III. Krankheiten und Schädlinge der Kartoffel

Bei der Kartoffel müssen wir zwischen den Knollenkrankheiten und Schädigungen der Wurzeln, Stengel und

Blätter unterscheiden. Die gleichen Ursachen können sowohl die Knollen wie die übrigen Teile der Pflanze schädigen. Knollen können bereits im Feldbestand absterben, häufig erfolgt die eigentliche Erkrankung nach Einwirkung physiologischer Faktoren oder Infektion mit Krankheitserregern im Feld erst während der Lagerung oder sie werden im Lager angesteckt. Auf dem Feld in die Knollen gelangte Krankheitserreger können in oder an diesen verbleiben, ohne sie zu beeinträchtigen, mit dem Pflanzgut werden sie dann wieder auf das Feld verschleppt.

Ein wesentlicher Schadfaktor sind zu tiefe oder zu hohe Temperaturen. **Spätfröste** im Frühjahr schädigen nach dem Auflaufen die oberirdischen Teile der Pflanze. Laub, Blätter und Stengel werden schwarz und brechen um. Vor allem aber wirken sich Temperaturschäden auch bei Knollen aus. Bleiben Knollen nach der Ernte an warmen, sonnigen Tagen in der prallen Sonne einige Stunden auf dem Feld liegen, kommt es zu **Hitzeschädigungen** im Innern der Knolle, die als **Schwarzherzigkeit** bezeichnet wird. Das Zentrum der Knolle ist dann schwarz verfärbt und zumeist aufgerissen.

Längere Lagerung bei Temperaturen zwischen 0° und +5 °C fördert infolge gehemmter Atmung die Umwandlung von Stärke in Zucker; derartig geschädigte Kartoffeln schmecken süß. In Zimmertemperatur zurückgebracht, erlangen sie ihren ursprünglichen Geschmack zurück. Bei Temperaturen unter dem Gefrierpunkt erfrieren die Kartoffeln. Steinhart gefrorene Kartoffeln können noch verbraucht werden, wenn sie erst unmittelbar vor dem Kochen aufgetaut werden. Bei vorübergehender Einwirkung von Minustemperaturen werden die Kartoffeln weich und gehen schnell in Fäulnis über, bei geringer Kälteschädigung kommt es nur zu Verfärbungen des Knollengewebes, die sich in einer Marmorierung des Fleisches äußert. Das geschädigte Gewebe trocknet ein, es kann durch eine Wundkorkbildung abgekapselt werden. Wird der Gefäßbündelring beeinträchtigt, kommt es zu einer Ringnekrose, bei der das Gewebe im Bereich des Gefäßbündelringes braun, grau oder schwarz verfärbt ist.

Durch Übergreifen in das Knolleninnere können Schadbilder hervorgerufen werden, die zur **Frostmarmorierung** überleiten. Bei lokaler Frosteinwirkung auf das Rindengewebe treten äußerlich erkennbare Frostdellen auf, unter denen das Gewebe verfärbt und verhärtet ist.

Verfärbungen, die auf Hitze- oder Kälteschäden zurückzuführen sind, dürfen nicht mit solchen verwechselt werden, die andere physiologische Ursachen haben oder parasitärer Natur sind. Eine **Hohlherzigkeit** mit Braunverfärbung kann auch die Folge von Wachstumsstörungen oder Überdüngung sein. Das Knolleninnere verfärbt sich infolge erhöhten Stärkeabbaues braun, die Gewebepartien sterben ab, die toten Teile lösen sich von der umgebenden Korkschicht. Solche Schäden sind die Folge starker Schwankungen in der Bodenfeuchtigkeit während der Vegetationsperiode. Über das Knollengewebe unregelmäßig verteilte rostrote bis braune Flecke kennzeichnen die **Eisenfleckigkeit**. Handelt es sich nur um wenige, kleine, leicht getönte Stellen, spricht man auch von **Stippigkeit**; ungünstige Standortfaktoren sowie Störungen im Wasserhaushalt werden als Ursache angesehen.

Halbkreisförmige Verbräunungen des Knollenfleisches, die vom Zentrum zur Oberfläche ziehen und auf der Schale als eingesunkene Ringe erkennbar werden, sind das Schadbild der **Pfropfenkrankheit**. Diese ist früher zumeist mit der Eisenfleckigkeit in Zusammenhang gebracht worden, es steht jedoch heute fest, daß es sich um eine **Viruskrankheit** handelt. An den oberirdischen Teilen der Pflanzen, die aus solchen Knollen aufwachsen, sind Mosaikbildungen und Nekrosen an Blättern und Stengeln zu beobachten.

Äußerlich gesund erscheinende Knollen mit blaugrauen bis schwärzlichen Fleckenbildungen, die beim Kochen besonders deutlich hervortreten, zeigen die

Grau- oder **Schwarzfleckigkeit** an, die durch auf das Gewebeinnere einwirkende Druckbeschädigungen beim Verladen und Umlagern verursacht wird. Kalimangel setzt die Gewebefestigkeit herab und fördert diese

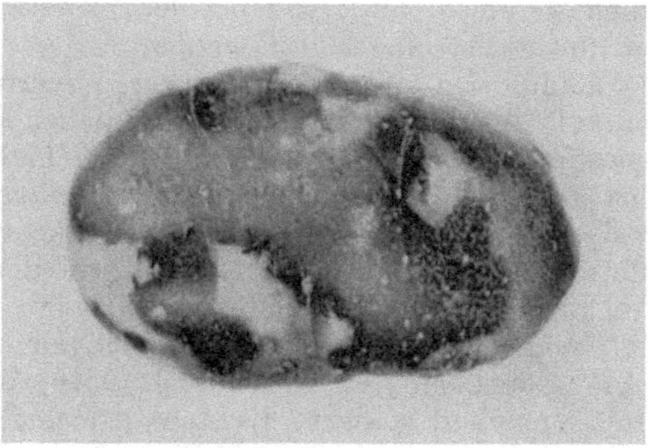

Abb. 6: Braunfaule Kartoffelknolle (Bild SCHMIEDEKNECHT)

Schädigung. Viele Verfärbungen der Knollen werden durch Bakterien oder Pilze hervorgerufen. Die häufig im Winterlager zu beobachtende **Braunfäule** wird durch den Pilz der **Kraut-** und **Knollenfäule** (*Phytophthora infestans* de Bary) verursacht. Bereits zur Erntezeit können leicht eingesunkene, bleigrau verfärbte Stellen auf der Schale erkannt werden. Unter der veränderten Schale ist das Gewebe rostbraun verfärbt, die Fäulnis dringt von der Oberfläche her weit in das Innere. Zur Infektion der Knollen kommt es, wenn das Kraut befallen war (S. 81). Da die Fäulnis während der Winterlagerung fortschreitet, sollen braunfaule Knollen aussortiert werden.

Als Folge von Braunfäule oder von Verletzungen der Knollen ausgehend entwickelt sich im Winterlager oft die **Trocken-** oder **Weißfäule**, die durch verschiedene *Fusarium*-Arten verursacht wird. Äußerlich zeigen sich eine Schrumpfung und eine mehrere Ringe bildende

Faltung der befallenen Knollenpartien, auf denen sich weißliche, lockere, watteähnliche Pilzpolster entwickeln. Im Innern vermorscht das Gewebe, entstehende Höhlungen sind mit Pilzhyphen durchsetzt. Die Weißfäule ist vornehmlich eine Lagerfäule, die vor allem dann gefährlich werden kann, wenn bei der Ernte verletzte Knollen unsortiert eingelagert werden.

Die **Naßfäule** ist eine durch Bakterien verursachte Knollenfäule, die sowohl Pflanzen und Knollen auf dem Feld vernichten wie im Lager erhebliche Schäden hervorrufen kann. Der Erreger ist *Pectobacterium carotovorum* Waldee var. *atrosepticum* Dowson, der auf dem Feld die **Schwarzbeinigkeit** (S. 85) und auf dem Feld sowie im Lager die **Knollennaßfäule** verursacht. Ob der Erreger ständiger Bodenbewohner ist oder nur mit verseuchten Pflanzkartoffeln verschleppt wird, ist noch nicht mit Sicherheit geklärt. Es steht jedoch fest, daß er als Wundparasit in verletztes Pflanzengewebe (Insektenfraß, mechanische Beschädigungen usw.) eindringt. Bei hohen Lagerungstemperaturen schreitet die Fäulnis in der Knolle schnell vorwärts. Ihr Inhalt verwandelt sich in eine breiige Masse, die nur noch von der Schale zusammengehalten wird und im Lager durch den Druck der darüber liegenden Knollen aufreißt. Freigewordene Bakterien dringen in Verletzungen benachbarter Knollen ein. Mieten, in die infizierte Knollen eingelagert wurden, können bei zu hohen Temperaturen in überraschend kurzer Zeit zusammenbrechen. Die Temperaturen sollen zwischen +3 bis +8 °C liegen.

Bei Sekundärinfektion mit anderen Bakterien macht sich ein häufig zu beobachtender, unangenehmer Geruch naßfauler Knollen bemerkbar. Bei trockener Spätsommer- und Herbstwitterung können die Knollen die Feldinfektion abkapseln, die äußerlich nur schwer erkennbaren kleinen Faulstellen werden beim Einlagern zumeist übersehen. Eine genaue Kontrolle der Mietentemperatur ist die wichtigste Schutzmaßnahme, um eine Ausbreitung der Krankheit während des Winters zu verhindern. Trocken und kühl überwinterte Knollen, in denen die Bakterien erhalten geblieben sind, verschleppen den Erreger beim Auspflanzen wieder auf das Feld.

Gelbliche bis bräunliche Verfärbung des weichen Gefäßbündelrings deutet auf **Bakterienringfäule** hin, die jedoch zumeist nur durch mikroskopische Untersuchung sicher festgestellt werden kann, ihr Erreger *Corynebacterium sepedonicum* Skapf und Berkh. schädigt auch die Pflanzen auf dem Feld. Sie vergilben und welken. Die Krankheit tritt bei uns selten auf, in Vermehrungsbeständen sind erkrankte Pflanzen zu vernichten. **Gefäßringfäulen** können auch durch Pilze, z. B. *Verticillium albo-atrum* Reinke und Berth. verursacht werden, das im Feldbestand ebenfalls ein Welken der Pflanzen bewirkt. Eine eingehende Untersuchung des verfärbten Gewebes des Gefäßbündelrings der Knollen ist zur genauen Ermittlung der Ursache notwendig.

Am stärksten ist unser Kartoffelanbau durch verschiedene Viruskrankheiten bedroht, deren Erscheinungsbilder z. T. schon seit langer Zeit als **Abbau der Kartoffeln** bekannt sind, deren Ursachen aber erst vor knapp 50 Jahren richtig erkannt wurden. Das **X-Mosaik** ist aus allen Kartoffelanbaugebieten der Welt bekannt. Zumeist ist nur eine leichte Aufhellung der Interkostalfelder zu beobachten, die vor allem dann deutlich wird, wenn das Blatt beschattet oder gegen das Licht gehalten wird. Starke Stämme des X-Mosaiks können auch Aufrauhung der Blattfläche, leichte Kräuselung der Blattspreite oder nekrotische (lokales Absterben geschädigter Zellen im Pflanzengewebe) Blattflecke verursachen, wie sie vor allem für das Y-Mosaik bekannt sind. — Das **A-Mosaik** ruft eine leichte Mosaikscheckung und eine Wellung der Blätter hervor. Bei Mischinfektionen von X- und A-Mosaik werden starke Marmorierung und deutliches Kräuseln der ganzen Blattspreite verursacht. — Das **Y-Mosaik (Strichelkrankheit)** ist eine der gefährlichsten Virosen der Kartoffel. Besonders charakteristisch sind strichelartige, schwarze Nekrosen an den Blattrippen der Unterseite, Blattstielen und dem Stengel. Im weiteren Verlauf der Erkrankung können bei bestimmten Sorten tintenspritzerartige Flecke an der Blattunterseite, später auch auf der Oberseite sichtbar

Abb. 7: An Y-Mosaik erkrankter Kartoffeltrieb (Bild SCHMELZER)

werden. Die Blätter und die Stengelteile werden spröde, die Blätter brechen an der Blattstielbasis ab, bleiben jedoch eine Zeitlang am Stengel hängen und vertrocknen. Mischinfektionen von X- und Y-Mosaik sind an hellgrüner Mosaikscheckung und Kräuselung der oberen Blätter sowie Strichelnekrosen an den unteren Blättern erkennbar. Die erst um die Mitte des 20. Jahrhunderts bekannt gewordene **S-Virus-Krankheit** hat die gleiche

Bedeutung wie das X-Mosaik. Sie ist aber nicht so leicht zu erkennen. Die Blattfarbe ist leicht aufgehellt, die Blattspitzen sind etwas abwärts geneigt. Kurzfristig können Mosaikerscheinungen beobachtet werden. Viele unserer Kartoffelsorten sind latent mit dem S-Virus infiziert, d. h. das Virus ist in der Pflanze vorhanden, es sind jedoch äußerlich an den Pflanzenteilen keine Symptome zu erkennen. – Große Bedeutung kommt der **Blattrollkrankheit** zu, die bei hochanfälligen Sorten bis zu 80% Ertragsverluste verursachen kann. Die Krankheit ist durch ein Aufwärtswölben der Blattränder bis zum tüten- oder kahnförmigen Einrollen der Fiederblättchen gekennzeichnet. Blätter und Seitentriebe sind zumeist steil aufwärts gerichtet, Wachstumshemmungen

Abb. 8: Blattrollkranker Kartoffeltrieb (Bild SCHMELZER)

der ganzen Pflanze sind nicht selten. Blattrollkranke Kartoffelpflanzen sind gegen *Phytophthora infestans* (S. 81) besonders anfällig. – In den osteuropäischen Ländern spielt die **Stolburkrankheit** eine Rolle, die Schadbilder hervorruft, die zum Teil denen der *Colleto-*

trichum-Welke (S. 84) ähnlich sind. Ihr Vektor ist die Zikade *Hyalesthes obsoletus* Sign.. – Die **Bukettkrankheit** ruft gestauchten Wuchs der Kartoffelpflanzen hervor. Die eng zusammengerückten Fiederblättchen sind abwärts gebogen. Nicht in jedem Fall sind alle Sprosse der infizierten Pflanze deformiert. Im ersten Jahr der Erkrankung zeigen sich auf den Blättern zumeist nur dunkle Ringe oder Bögen. Als Vektoren kommen wahrscheinlich freilebende Nematoden in Frage. – Von einigen nach unseren bisherigen Kenntnissen weniger gefährlichen Virosen der Kartoffel seien noch genannt: Das **Aucubamosaik** sowie das **Falsche Kartoffelaucuba**, die durch leuchtend gelbe Flecken auf den Blättern sehr auffällig sind. – Auf die durch ein Virus verursachte Pfropfenbildung der Knollen wurde bereits hingewiesen (Pfropfenkrankheit, S. 70).

Fast alle Viren der Kartoffel werden durch die Knollen auf den Nachbau übertragen, bei der Stolburkrankheit kommt der Knollenübertragung nur geringe Bedeutung zu. Die Verwendung gesunden Pflanzgutes ist daher eine wichtige Voraussetzung zur Verhütung des durch die Virosen verursachten Abbaues unserer Kartoffeln. Im Feldbestand werden die Viren mechanisch durch Kontakt oder durch tierische Vektoren (vor allem Blattläuse) übertragen. Die Tabelle 2 gibt Auskunft über die Übertragungsmöglichkeiten für die hier aufgeführten Kartoffelvirosen.

Die Kartoffelvirosen können nur durch vorbeugende agrotechnische Maßnahmen bekämpft werden. Dazu gehören in erster Linie die Gewinnung und Verwendung gesunden Pflanzgutes. Vermehrungsbestände sind mehrmals zu bereinigen, d. h. alle als virusverdächtig erkannten Pflanzen müssen rechtzeitig mit den neu gebildeten Knollen entfernt und vernichtet werden. – Das Vorhandensein von Viren in der Kartoffelpflanze, auch bei latenter Verseuchung, kann durch Abreibung infektiöser Pflanzenpreßsäfte oder durch Pfropfung auf bestimmte Testpflanzen, die durch charakteristische

Tabelle 2

Die Übertagung der wichtigsten Kartoffelviren

Virus	Übertragung im Feldbestand
X	mechanisch durch Kontakt von Sproßteilen und Wurzeln
A	Blattläuse
Y	Blattläuse; auch Samenübertragbarkeit bekannt
S	mechanisch durch Laubkontakt wahrscheinlich
Blattroll	Blattläuse
Stolbur	Zikade: *Hyalesthes obsoletus* Sign.
Aucubamosaik	mechanisch durch Laubkontakt; Blattläuse bei Mischinfektion mit A-Mosaik wahrscheinlich
Falsches Kartoffelaucuba	unbekannt
Bukett	Nematoden

Krankheitsbilder reagieren, nachgewiesen werden. Ein weiterer Nachweis ist serologisch möglich, versagt jedoch z. B. bei der Blattrollkrankheit. – Für die durch Blattläuse übertragbaren Viren wirkt die chemische Vektorenbekämpfung gleichzeitig krankheitsmindernd. Dabei werden in erster Linie systemisch wirkende Insektizide (S. 30) eingesetzt, die zwar das erste Anstechen des Pflanzengewebes durch zufliegende Blattläuse und damit eine Übertragung der Viren in die zunächst besiedelte Pflanze nicht verhindern können, die aber nach Aufnahme des Giftes beim Saugakt abgetötet werden, und deren Weiterwanderung und Vermehrung dadurch unmöglich werden. Mit einer Blattlausbekämpfung muß in

Vermehrungsbeständen unbedingt eine Bereinigung der Fläche Hand in Hand gehen. Zur Minderung des Befalls durch das Blattroll-Virus in Vermehrungsbeständen haben sich Granulate, die Disyston (= Disulfodon) als Wirkstoff enthalten, bewährt. Es handelt sich bei dem Disyston um ein systemisches Insektizid, das in der Pflanze längere Zeit wirksam bleibt und die Frühinfektion durch das Blattroll-Virus weitestgehend mindert. Derartige Präparate sind in der Bundesrepublik Deutschland bereits im Handel.

Pilzkrankheiten der Knollen, die im Feld nach Verschleppung mit dem Pflanzgut oder durch Infektion vom verseuchten Boden aus verursacht werden, vernichten diese bereits während der Vegetationsperiode im Boden oder mindern die Qualität des Erntegutes. Bei eingewinterten Kartoffeln können sie die Infektion durch Sekundärparasiten begünstigen. Zu einem totalen Ernteausfall führt zumeist der Befall durch den **Kartoffelkrebs**, dessen Erreger *Synchytrium endobioticum* Perc. zu den Archimyceten (S. 16) gehört. Aus den im Boden überwinternden Dauersporangien treten in den folgenden Vegetationsperioden Schwärmsporen aus, die in die Zellen der jungen Knollen, Stolonen oder den Stengelgrund eindringen. Bei Knollen, Stolonen, dem Stengelgrund und gelegentlich auch bei Stengelteilen unmittelbar in Bodennähe wird das Gewebe zu krebsartigen Wucherungen umgebildet. Bei sehr starkem Knollenbefall werden diese schon im Boden völlig vernichtet, bei schwachem Befall, der durch kleine Wucherungen gekennzeichnet ist, wird der Erreger mit dem Pflanzgut verschleppt. Im Boden können die Dauersporangien 15—16 Jahre lebensfähig bleiben. Eine Infektion gesunden Pflanzgutes ist daher bei Anbau auf verseuchten Böden möglich. Es ist der Resistenzzüchtung gelungen, krebsfeste Sorten zu schaffen. Der Anbau krebsanfälliger Sorten ist daher nach der „Siebenten Durchführungsbestimmung zum Gesetz zum Schutze der Kultur- und Nutzpflanzen — Bekämpfung des Kartoffelkrebses“ in der DDR verboten. Im Feldbestand oder bei der Ernte festgestellter Krebsbefall ist meldepflichtig. Der Kartoffelkrebserreger neigt, wie viele andere pflanzenparasitäre Pilze, zur Biotypenbildung. Solche Biotypen können auch die als „krebsfest“ anerkannten Sorten infizieren. Aus der DDR ist u. a. ein besonders aggressiver Biotyp aus dem Gebiet um Gießübel und bei Pappenheim im Thüringer Wald bekannt. Gegen diesen Biotyp G (Gießübel) stehen uns heute ebenfalls resistente Kartoffelsorten zur Verfügung.

Eine bei uns weit verbreitete Krankheit der Kartoffelknollen wird durch den Erreger des **Kartoffelschorfes** (*Streptomyces scabies* Waksman et Henrici) hervorgerufen. Der zu den Actinomyceten (S. 16) gehörende Pilz ist in gut luftdurchlässigen Böden (leichten Sandböden) weit verbreitet. Er infiziert die jungen Knollen

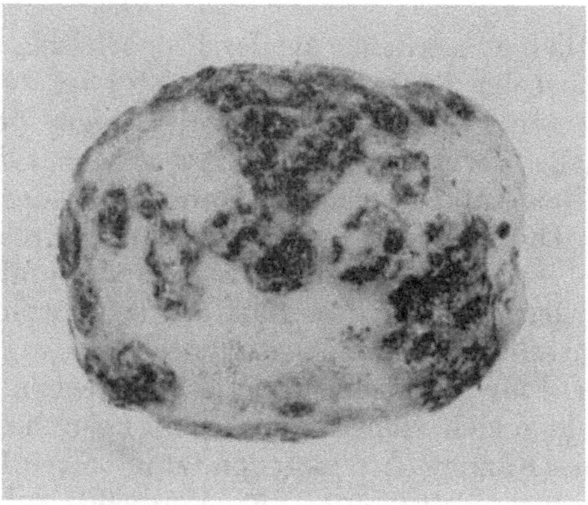

Abb. 9: Kartoffelknolle mit Tiefschorfbefall (Bild SCHMIEDEKNECHT)

vom Boden her oder wird mit erkranktem Pflanzgut auf das Feld verschleppt. Das Schadbild äußert sich durch Korkwucherungen (Schorfpusteln) auf der Schale, die als flache, rissige Gebilde von mehreren Quadratmillimetern Größe ausgebildet sein können (Flachschorf), als rissige, warzenartige Erhebungen auftreten (Buckelschorf) oder kraterförmig mehrere Millimeter tief in das Gewebe eingreifen können (Tiefschorf). Der Direktschaden äußert sich in einer Entwertung des äußeren Knollengewebes. Beim Schälen der Speisekartoffeln entsteht ein erheblicher Abfall. Darüber hinaus aber bilden die Infektionsstellen Angriffspunkte für sekundäre Fäulnisorganismen. Beizung der Kartoffelknollen mit quecksilberhaltigen Mitteln garantiert keine Schorffreiheit der neuen Knollen, weil die vom Boden ausgehende Infektion nicht verhindert werden kann. Eine Bodenbehandlung mit Pentachlornitrobenzol verspricht zwar Erfolg, ist aber unwirtschaftlich. Eine Befallsminderung auf schorfverseuchten Böden kann durch saure Düngemittel erreicht werden. Auch gegen diese Knollenkrankheit konnten resistente Sorten gezüchtet werden.

Wesentlich gefährlicher als der Kartoffelschorf ist der **Pulverschorf der Kartoffel.** Der Erreger ist der zu den Archimyceten gehörende und dem Erreger der Kohlhernie nahe verwandte Pilz *Spongospora subterranea* Johns.. Das Anfangsschadbild ähnelt dem des Buckelschorfes. Die zunächst weißlichen Pusteln platzen bei der Reife des Pilzes auf, das braune Sporenpulver wird dann sichtbar. Bei starkem Befall verschmelzen die einzelnen Pusteln miteinander, es entsteht die sog. Räudeform des Pulverschorfes. Die aufgerissenen Pusteln unterscheiden sich vom Kartoffelschorf durch die hochgebogenen Ränder der aufgeplatzten Kartoffelschale (sternförmiges Aufreißen). Bei Verdacht auf Pulverschorf ist eine mikroskopische Untersuchung der Sporenballen notwendig. Vom Pulverschorf infizierte Kartoffeln dürfen nicht als Pflanzgut verwendet werden. Im Verlauf der Winterlagerung können durch Sekundärparasiten Fäulen der Knollen verursacht werden. Eine Direktbekämpfung des im Boden langlebigen und mit dem Pflanzgut übertragbaren Pilzes ist nicht möglich.

Der gefährlichste Pilz, der die Kartoffel während der Vegetationsperiode schädigt ist der Erreger der **Kraut- und Knollenfäule** (*Phytophthora infestans* de Bary), der als Parasit der Knollen die **Braunfäule** (S. 71) verursacht. In den Jahren 1845 und 1846 hat er in Irland die

Abb. 10: Krautfäule (Bild SCHMIEDEKNECHT)

Kartoffelernte nahezu vernichtet. Tausende von Iren verhungerten, weitere Tausende wanderten nach Nordamerika aus. Während des ersten Weltkrieges veranlaßte dieser Pilz nach teilweiser Vernichtung der Kartoffeln den sog. Kohlrübenwinter 1916/17. Auch heute gehört er noch zu den gefährlichsten Krankheitserregern unserer Kartoffeln. Die Ursache dieser Kartoffelkrankheit entdeckte die Belgierin Madame LIBERT, aber erst

1861 konnte Anton DE BARY in Straßburg die Biologie dieses Pilzes in ihren Zusammenhängen aufklären. Die Erkrankung tritt bei feuchtwarmer Witterung im Sommer – zumeist nach der Kartoffelblüte – in Erscheinung. Sie zeigt sich zunächst durch Vergilbung und Verbräunung der Spitzen der Fiederblättchen der unteren Blätter. Auf der Blattunterseite ist in der Übergangszone zum gesunden Blattgewebe bei hoher Feuchtigkeit ein weißlicher Pilzrasen zu erkennen. Von den befallenen Blättern her verbreitet sich der Pilz sehr schnell. Bei günstiger Witterung können nicht nur die Einzelpflanze sondern der gesamte Pflanzenbestand in kurzer Zeit infiziert werden. Die Kartoffelblätter werden in eine schwärzliche, schlaff herunterhängende Masse verwandelt. Vom Kraut her werden die Pilzsporen durch Regengüsse in den Boden gespült und infizieren die Knollen. Insbesondere bei der Ernte krautfauler Kartoffeln gelangen die Pilzsporen auf die Knollen (Braunfäule S. 71). Durch sekundär eindringende Fäulnisorganismen können die braunfaulen Knollen bei zu warmer Lagerung faulen.

Die sekundären Fäulniserreger verursachen eine mit unangenehmen Geruch verbundene **Naßfäule**. Die Krautfäule kann mit Kupfer- und Zinebpräparaten bekämpft werden. Es ist dabei zu beachten, daß nur die noch nicht infizierten Pflanzenteile geschützt werden. Da der Fungizidbelag nur eine gewisse Zeit auf den Pflanzen wirksam bleibt, kann durch eine Behandlung kein Dauerschutz gewährt werden. Spritzungen gegen die Krautfäule sollten nur nach den Angaben des Warndienstes erfolgen. Wir sind heute in der Lage, auf Grund unserer Kenntnisse über die Biologie des Erregers und durch Kontrolle des Sporenfluges einigermaßen genaue Voraussagen über *Phytophthora*-Gefährdung zu geben. Eine routinemäßige Behandlung der Kartoffelbestände ohne Beachtung der Warndienstvoraussagen sollte nicht erfolgen. Zur Vorbeugung soll braunfaules Pflanzgut nicht verwendet werden. Auch im Fall der Krautfäule konnte die Resistenzzüchtung gute Erfolge aufweisen. Leider hat sich gezeigt, daß gerade *Phytophthora infestans* sehr stark zur Rassenbildung neigt. Kartoffelsorten, die zunächst als resistent in den Handel gebracht wurden, können nach längerem Anbau im gleichen Gebiet befallen werden, weil sich inzwischen der auch diese Sorten befallende Biotyp durchgesetzt haben kann.

Verschiedene Pilze können **Blattfleckenkrankheiten** verursachen. In trockenen, heißen Sommern kann z. B. die auf *Alternaria solani* Sor. zurückzuführende **Dürrfleckenkrankheit** örtlich Bedeutung gewinnen. Die scharf begrenzten, braunen Blattflecke sind über die Blattfläche verteilt. Sie sind durch eine konzentrische Ringelung charakterisiert.

Abb. 11: Dürrfleckenkrankheit (Bild SCHMIEDEKNECHT)

Trockenheiße Sommer begünstigen auch das Auftreten der von *Colletotrichum atramentarium* Taubenh. verursachten *Colletotrichum*-Welke. Die Blätter vergilben zunächst, rollen sich etwas ein und hängen schließlich schlaff herab. Am Stengelgrund der verwelkten Pflanzen und auf den Knollen bilden sich zahlreiche Sklerotien. Mit solchen Knollen wird der Pilz verschleppt. Die Knollen können gummiartig erweichen. Derartige Schadbilder sind zusammen mit Wurzelfäule und Welken der Pflanzen auch für die virusbedingte Stolburkrankheit bekannt. Dies war der Anlaß dafür, daß *Colletotrichum atramentarium* häufig als Sekundärparasit

Abb. 12: Weißhosigkeit (Bild SCHMIEDEKNECHT)

auf zunächst durch das Stolburvirus geschädigten Pflanzen angesehen wurde. Heute wissen wir, daß der Pilz primär auftritt und die geschilderte Welkekrankheit verursacht.

Als Fußkrankheit der Kartoffel werden die Schädigungen durch den **Wurzeltöterpilz** (*Rhizoctonia solani* Kühn), nach dem Schadbild auch als **Weißhosigkeit** oder **Fußvermorschung** mit Wipfelrollen bekannt, sowie die **Schwarzbeinigkeit**, die durch *Pectobacterium carotovorum* Waldee var. *atrosepticum* Downson, den Erreger der Naßfäule der Knollen (S. 82), verursacht wird, bezeichnet.

Bei von *Rhizoctonia solani* befallenen Pflanzen laufen nur einzelne Triebe auf. Die im Boden verbliebenen Triebe sind dunkelbraun verfärbt. Sie haben nicht mehr die Kraft, die Bodenkruste zu durchstoßen. Am Grund der aufgelaufenen Stengel entwickelt sich im Verlauf der Vegetationsperiode ein weißer Pilzbelag, nach dem die Krankheit die Bezeichnung „Weißhosigkeit" erhalten hat. Die Blätter solcher Triebe sind hellgelb. Die Spitzenblätter können rollen. Dieses „Wipfelrollen" ähnelt dem Schadbild der Blattrollkrankheit (S. 75), unterscheidet sich jedoch deutlich davon, weil die gerollten Blätter nicht starr und spröde sind. Die Wurzeln werden kaum befallen, die populäre Bezeichnung „Wurzeltöterpilz" ist daher irreführend. Dagegen kann sich der Pilz auf den Knollen ansiedeln. Auf der Knollenschale bildet er Sklerotien, die als abschabbare Pusteln von Stecknadelkopfgröße bis zu 2 cm Durchmesser aufsitzen. Mit den den Knollen anhaftenden Dauerorganen wird der Pilz übertragen. Der Pilz kann aber auch als Saprophyt oder an anderen Wirtspflanzen im Boden verbleiben und die Pflanzen von dort her infizieren. Gefährdet sind Kartoffelbestände auf feuchten lehmig-tonigen, wenig durchlüfteten Böden und bei niederen Bodentemperaturen, die das Auflaufen verzögern.

Die Schwarzbeinigkeit kann durch Infektion von der Knolle her oder vom Boden aus verursacht werden. Der Stengelgrund wird schwarz und vermorscht. Die Blätter vergilben, sie rollen sich kahn- oder tütenförmig ein und verwelken. Die an solchen Pflanzen gebildeten Knollen können bereits im Boden verfaulen oder gehen im Winterlager in „Naßfäule“ über.

Als gefährlichster tierischer Schädling des deutschen Kartoffelanbaues gilt der **Kartoffelnematode** (*Heterodera rostochiensis* Wr.). Er gehört zu den zystenbildenden Nematoden. Als Zyste bezeichnen wir den kugeligen Hautsack des abgestorbenen Weibchens, der nach der Ablösung von der Pflanzenwurzel im Boden verbleibt. Die Zyste enthält die Eier. In der Eihülle bleibt die entwickelte Larve viele Jahre am Leben. Sie wird durch von den Wurzeln der Wirtspflanzen ausgehende Reize (Schlüpfstoffe) zum Sprengen der Eihülle und zum Verlassen der Zyste stimuliert. Danach wandert sie wahrscheinlich zunächst ungerichtet im Boden, bis sie in den Bereich eines noch nicht genauer bekannten, von den Wurzelspitzen ausgehenden Reizes gelangt, der sie zu den feinen Haarwurzeln führt, in die sie eindringt. Im Wurzelgewebe veranlaßt sie ein Riesenwachstum der in unmittelbarer Nachbarschaft ihres Kopfes liegenden

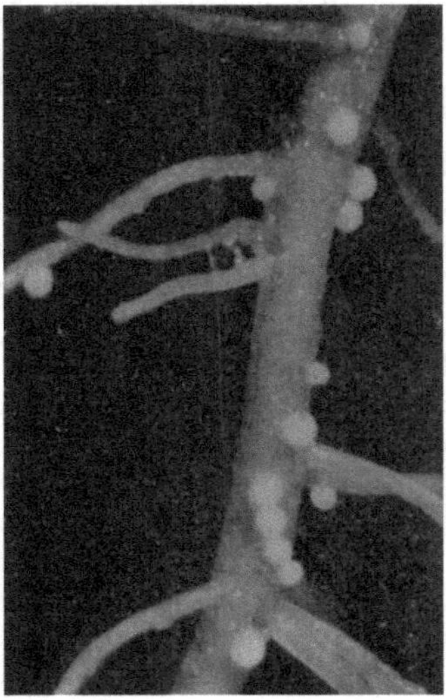

Abb. 13: Kartoffelwurzel mit Zysten des Kartoffelnematoden (Bild DECKERT)

Pflanzenzellen, aus denen sie sich ernährt. Während das Männchen die Älchengestalt beibehält, das Pflanzengewebe verläßt und auf der Wurzeloberfläche wandert, bleiben die Weibchen nur mit dem Kopfende im Pflanzengewebe stecken. Ihr Hinterleib, der aus dem Pflanzengewebe herausragt, schwillt nach der Begattung durch die außen an der Wurzel wandernden Männchen kugelig an. Nach Ausbildung der Eier stirbt das Weibchen und fällt als „Zyste" von der Wurzel ab. Hauptwirtspflanze des Kartoffelnematoden ist die Kartoffel, daneben können auch Tomate, Bilsenkraut und einige andere wildwachsende Nachtschattengewächse befallen werden. Der aus der Heimat der Wildkartoffel stammende Kartoffelnematode ist heute in den meisten

Abb. 14: Durch Kartoffelnematoden verursachte Nester im Kartoffelteid (Bild DECKERT)

Ländern mit Kartoffelanbau als gefährlicher Schädling verbreitet. Auf deutschem Gebiet wurde er erstmalig 1913 bei Rostock festgestellt, heute kommt er in vielen Gebieten der DDR mit leichten Böden, auf denen die Kartoffel lange Zeit in nur ein- oder zweijähriger Fruchtfolge angebaut wurde, vor. Befallene Pflanzen kümmern, die unteren Blätter vertrocknen, die Spitzenblätter können rollen. Der Wurzelballen ist zumeist etagenförmig aufgebaut. Durch das Absterben der Pflanzen entstehen nesterartige Fehlstellen, die schnell verunkrauten. Zur Bekämpfung wird heute auf verseuchten Flächen eine Anbausperre von mindestens 5 Jahren ausgesprochen und eine Fruchtfolge mit Kartoffelanbau in jedem 3., möglichst sogar nur in jedem 4. Jahr angeordnet. Eine chemische Bekämpfung ist mit den heute zur Verfügung stehenden Nematiziden noch nicht möglich. Dagegen ist es gelungen nematodenresistente Kartoffelsorten zu züchten, die zwar die Larven zum Verlassen der Zysten stimulieren, ihnen aber nach dem Eindringen in das Wurzelgewebe keine Weiterentwicklung ermöglichen. Auch nematodenresistente Sorten sollen nur in dreijähriger Fruchtfolge zum Anbau kommen.

Ein anderer Nematode, *Ditylenchus destructor* Thorne, befällt die Knollen. Er ist mit *D. dipsaci*, der die Stockkrankheit des Getreides verursacht (S. 55) und oberirdisch auch die Kartoffelstengel befallen kann, nahe verwandt. Äußerlich lassen die Knollen graue Fleckenbildungen erkennen, in deren Bereich die Schale rissig wird. Das darunter befindliche Knollenfleisch ist braun verfärbt und krümelig zersetzt. Beim Zerfall der Knollen im Boden werden die Nematoden frei und können dort mehrere Jahre am Leben bleiben. Sie werden mit nur schwach geschädigten Knollen ins Winterlager gebracht, wo sie aus den verfaulenden Knollen in benachbarte gesunde überwandern können. Eine Verschleppung mit befallenem Pflanzgut ist möglich. Sehr häufig werden in den von *D. destructor* befallenen Knollen zusätzlich **Wurzelmilben** (*Rhizoglyphus echinops* Fum. et Rob.) gefunden, die aber auch Primärschädlinge der Kartoffelknollen sein können. Je nach dem Erreger wird die Erkrankung als **Nematodenkrätze** oder als **Milbenkrätze** bezeichnet. Auf verseuchten Flächen muß der Kartoffelanbau für mehrere Jahre ausgesetzt werden. In der Zwischenzeit sollen auch keine anderen Knollen- oder Zwiebelgewächse angebaut werden.

Unter den Schadinsekten der Kartoffel kommt zweifellos auch heute noch dem **Kartoffelkäfer** (*Leptinotarsa*

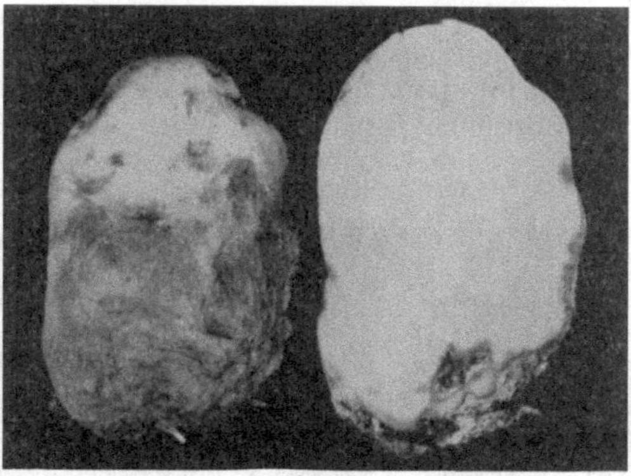

Abb. 15: Älchenkrätze

decemlineata Say) große Bedeutung zu. Er wurde während des ersten Weltkrieges nach Südfrankreich eingeschleppt und drang von dorther auf seiner Wanderung nach Osten auch in die deutschen Kartoffelanbaugebiete vor. 1948 hatte er die DDR total besiedelt und kann seit dieser Zeit als heimisch gewordener Schädling betrachtet werden, gegen den in der gleichen Weise Bekämpfungsmaßnahmen eingeleitet werden müssen, wie gegen andere Schädlinge unserer Kulturpflanzen. Der halbkugelig gewölbte, 9—11 mm lange Käfer zeichnet sich durch sein orangebraunes, mit 11—13 schwarzen Flecken versehenes Halsschild aus. Die rot-gelben Flügeldecken sind mit je 5 schwarzen Längsstreifen versehen. Die länglich-ovalen, 1,4—2,2 mm langen Eier werden in Gruppen von 20—30 Stück an die Blattunterseite abgelegt. Die dicken, hochgewölbten, nach hinten sich verjüngenden Larven sind blutrot gefärbt. Käfer und Larven fressen die Blätter der Kartoffelpflanzen. Kahlfraß der Stauden ist bei Unterlassung von Bekämpfungsmaßnahmen keine Seltenheit. Die voll entwickelten Larven dringen in den Boden ein, in dem sie sich verpuppen. Ab Mitte Juli schlüpfen die Jungkäfer, die nach einer etwa dreiwöchigen Fraßperiode den Boden aufsuchen, um dort zu überwintern, oder bei günstigen Witterungsbedingungen nach Reife der Geschlechtsorgane bereits im Spätsommer zur Eiablage zu schreiten. Zur abgeschlossenen Entwicklung einer zweiten Generation kommt es bei uns nur bei warmer, trockener

Abb. 16: Vom Kartoffelkäfer befressene Kartoffelpflanzen (Bild Renate SCHWARTZ)

Herbstwitterung. Es ist bekannt, daß Demissin, Tomatin und andere Alkaloidglykoside die Blätter für den Fraß durch Käfer oder Larven vergällen können, es war bisher jedoch noch nicht möglich, derartig vergällende Verbindungen enthaltende, gegen den Kartoffelkäfer resistente Sorten zu züchten. Zur Zeit ist die chemische Bekämpfung die einzige wirksame Gegenmaßnahme.

Dafür werden DDT, Lindan und Kombinationen beider Wirkstoffe eingesetzt. Altlarven und Jungkäfer sind jedoch gegen diese Präparate sehr widerstandsfähig. Die Behandlungen sollen daher gegen Altkäfer und Junglarven gerichtet werden.

In manchen Jahren tritt der rötlichgelbe **Kartoffelerdfloh** (*Psylliodes affinis* Payk.) an Kartoffeln und Tomaten schädigend auf. Von der direkten Beobachtung der Käfer abgesehen, ist seine Anwesenheit an dem für alle Erdflöhe charakteristischen Lochfraß an den Blättern zu erkennen. Zumeist erübrigt sich eine gesonderte Bekämpfung, wenn gegen den Kartoffelkäfer behandelt wird, da die gleichen Präparate auch gegen den Erdfloh wirksam sind.

Entwicklungsstörungen der Pflanzen, die Ertragsminderungen zur Folge haben, sind die direkten Folgen des Blattlausbefalls der Kartoffeln. Diese Direktschäden finden aber zumeist kaum Beachtung, da der indirekte Schaden durch Blattläuse als Virusüberträger wesentlich höher zu veranschlagen ist. Die wichtigsten der die Kartoffeln besiedelnden Blattläuse[1]) spielen auch als Vektoren der Erreger der auf S. 77 genannten Virosen eine Rolle. Unter ihnen ist an erster Stelle die **Grüne Pfirsichblattlaus** (*Myzus persicae* Sulz.) zu nennen. Als Hauptwirt, an dem die Wintereier abgelegt werden und sich im Frühjahr die ersten Generationen entwickeln, spielt bei uns fast ausschließlich der Pfirsich eine Rolle. Darüberhinaus können sich gewisse Rassen auch ohne Zwischenschaltung einer Geschlechtsgeneration mit Eiablage an den Winterwirten entwickeln (anholozyklischer Entwicklungstyp). In diesem Fall überwintern die sich ungeschlechtlich fortpflanzenden Weibchen in Gewächshäusern, in Mieten oder bei milder Winterwitterung auch an wintergrünen Pflanzen, z. B. Raps, Grünkohl usw.. Die **Kreuzdornlaus** (*Aphis nasturtii*

[1]) Für die wissenschaftlichen Namen der Blattläuse wurde die Veröffentlichung von F. P. MÜLLER (1961) zugrunde gelegt.

Kalt.) steht der Grünen Pfirsichblattlaus als Virusvektor kaum nach. Ihr Hauptwirt ist der Kreuzdorn (*Rhamnus cathartica* L.). Auch die **Grünstreifige Kartoffellaus** (*Macrosiphum euphorbiae* Thomas), die sich nur ungeschlechtlich mit Überwinterungsgenerationen in Gewächshäusern, Mieten usw. vermehrt, überträgt die wichtigsten Kartoffelviren. Die **Gefleckte Kartoffellaus** (*Aulacorthum solani* Kalt.) legt von der Geschlechtsgeneration stammende Wintereier an totes Material oder an krautige Pflanzen, sie kann aber ebenfalls mit sich ungeschlechtlich vermehrenden Weibchen in Gewächshäusern usw. überwintern. Die **Gefleckte Gewächshauslaus** (*Aulacorthum circumflexus* Buckton) und die **Gepunktete Gewächshauslaus** (*Myzus ornatus* Laing.) leben in der Hauptsache an Gewächshauspflanzen und werden hier als Virusvektoren bei Versuchen mit Kartoffeln gefährlich. Die vornehmlich an Zwiebelgewächsen auftretende **Zwiebellaus** (*Myzus ascalonicus* Donc.) ist Vektor des Virus der Blattrollkrankheit. Demgegenüber spielt die in der Literatur über Kartoffelvirosen vielfach genannte **Gurkenblattlaus** (*Aphis gossypii* Glover) bei uns wahrscheinlich für die Übertragung von Kartoffelviren keine Rolle. Die Literaturangaben beruhen vermutlich auf Verwechslungen mit der ihr sehr ähnlichen **Faulbaumlaus** (*Aphis frangulae* Kalt.), deren Winterwirt der Faulbaum (*Frangula alnus* Miller) ist und zu deren Sommerwirten auch die Kartoffel gehört.

Im Winterlager können die Kartoffeln von verschiedenen Blattläusen befallen werden, die die austreibenden Keime besiedeln. Die wichtigste ist die erstmalig 1943 bei Bonn festgestellte, heute bei uns weit verbreitete **Kartoffelkellerlaus** (*Rhopalosiphoninus lathysiphon* David). Sie stammt aus Nordamerika und wurde Anfang der dreißiger Jahre nach Holland verschleppt, von dorther hat sie sich in Europa ausgebreitet. Infolge des Saftentzuges aus den Keimen schrumpfen die Kartoffeln. Mit Pflanzgut kann sie ins Freiland verschleppt werden und sich unterirdisch an den Stolonen entwickeln. Im

Winterlager kann sie das Virus der Blattrollkrankheit übertragen. In eingelagertem Pflanzgut kann sie mit Lindanräuchermitteln bekämpft werden. Bei eingelagerten Speisekartoffeln wirken Keimhemmungsmittel vorbeugend. Über die Bekämpfung der Blattläuse als Virusvektoren im Freiland s. S. 77.

Während Zikaden als Schädlinge der Kartoffel in Nordamerika eine große Rolle spielen, sind die bei uns vorkommenden Verwandten dieser amerikanischen Arten aus der Gattung *Empoasca* zwar auf Kartoffelflächen allgemein verbreitet, aber als verhältnismäßig ungefährlich zu betrachten.

Neben Klee-, Luzerne-, Erdbeerflächen oder Feldrainen sterben oft Kartoffelpflanzen ab. Der Schaden beginnt am Feldrand und dringt halbkreisförmig in den

Abb 17: Acarose der Kartoffel

Bestand vor. In der Nähe der Blattadern werden zunächst braunschwarze Blattflecken sichtbar, sehr bald vertrocknen die Blätter und hängen am Stengel herunter. Das Schadbild an der Pflanze ähnelt dem der Strichelkrankheit (S. 73). Urheber dieses Schadens ist die Spinnmilbe *Tetranychus urticae* Koch (Rote Spinne); die Bestandserkrankung wird als **Acarose der Kartoffel** bezeichnet. Die Milben haben sich zunächst auf den Nachbarflächen entwickelt. Nach dem Schnitt des Klees und der Luzerne, nach beginnender Verhärtung der Erdbeerpflanzen oder nach Mahd des Feldraines wandern sie von den ihnen nicht mehr zusagenden Nahrungsflächen ab und suchen benachbarte Flächen auf, die mit Pflanzen bestanden sind, die ihnen bessere Ernährungsbedingungen bieten. Dazu gehört im Frühsommer auch die Kartoffel. Vorbeugend sollten in als gefährdet bekannten Gebieten Kartoffeln nicht benachbart von Klee, Luzerne oder Erdbeeren angebaut werden. Eine direkte Bekämpfung ist mit Akariziden oder mit systemischen Insektiziden möglich.

IV. Krankheiten und Schädlinge der Zucker- und der Futterrübe

Unter den nichtparasitären Krankheiten der Zucker- und Futterrüben hat der **Bormangel** in vielen Rübenanbaugebieten eine Bedeutung. Bor ist ein für die Rübe wichtiges Spurenelement. Die auf einem Hektar stehenden Rübenpflanzen verbrauchen in einer Vegetationsperiode 3 kg Bor. Können die Pflanzen nicht die genügende Menge dieses für sie wichtigen Spurenelementes aufnehmen, kommt es zu Krankheitserscheinungen, die als **Herz-** und **Trockenfäule** bezeichnet werden. Ursachen dafür sind entweder das Fehlen von Borverbindungen im Boden oder ein zu hoher Kalkgehalt des Bodens, der die Borsalze so fest bindet, daß sie von der Pflanze nicht aufgenommen werden können. Trokkenheit in den Sommermonaten fördert die Bindung des

Bors im Boden. Die Krankheit wird daher vor allem im Juli und August auffällig. Die Herzblätter vergilben, die Blattstiele werden braunschwarz (Herzfäule), die äußeren Blätter liegen schlaff auf dem Boden. Wenn die Schädigung auch auf den Rübenkopf übergreift, zersetzt sich der Rübenkörper unter Braunfärbung des Gewebes (Trockenfäule). Es handelt sich um eine Fäule, die durch sekundär auftretende Mikroorganismen verstärkt werden kann. Bei rechtzeitiger Feststellung der Erkrankung kann durch eine Düngung mit Boraxgries (15–20 kg/ha), Borsäure (10–14 kg/ha) oder Bor-Superphosphat (300–400 kg/ha) eine Minderung herbeigeführt werden. Auf Böden, von denen Bormangel bekannt ist, und auf stark alkalischen Böden, sollte schon vorbeugend mit Borverbindungen gedüngt werden.

Erhebliche Ertragsminderungen im Zucker- und Futterrübenanbau werden durch Virosen verursacht. Allgemein verbreitet ist das **Rübenmosaik**. Das Virus wird durch Blattläuse übertragen. Mosaikscheckung der Blätter, häufig mit Kräuselungen der Blattspreite verbunden, kennzeichnen diese Krankheit. – Ebenfalls durch Blattläuse wird das Virus der **Vergilbungskrankheit** der Rübe übertragen. Ab Mitte Juni werden auf den Blättern gelbliche Flecke sichtbar, die sich vergrößern und auf die ganze Blattspreite übergreifen können, die Blattrippen bleiben zunächst grün, mit Vorschreiten der Erkrankung beginnen auch sie sich vom Blattrand her aufzuhellen. Bei heißer Witterung vertrocknen die Blätter vorzeitig. Durch Zersetzung des Blattgrüns wird der Stoffwechsel der Blätter gestört. Die Folge sind eine Reduktion der Rübengröße und ein erheblicher Rückgang des Zuckergehaltes sowie des Eiweißgehaltes im Rübenblatt.

Eine weitere Virose der Rüben ist die **Kräuselkrankheit** der Rübe. Das Virus dieser Krankheit wird durch die **Rübenblattwanze** (*Piesma quadratum* Fieb.) übertragen. Die Blätter kräuseln und legen sich zu einem schopfartigem Gebilde über dem Herzen zusammen

(Salatkopf). Von außen nach innen sterben die Blätter ab. Der Zuckerertrag wird wesentlich gemindert. Auch die Blattverluste sind sehr hoch.

Zur Minderung der genannten Virosen dient die Bekämpfung der Überträger der Viren, der Blattläuse

Abb. 18: Kräuselkranke Rübe (Bild PROESELER)

(S. 95) sowie der Rübenblattwanze (S. 95). Fabrik-, Samenrüben und Stecklingsrüben müssen räumlich getrennt angebaut werden.

Krebsartige Anschwellungen am Rübenkörper, die zumeist erst bei der Ernte beobachtet werden, sind eine Erkrankung, die durch *Agrobacterium tumefaciens* Conn verursacht wird. Die Auswüchse werden als **Wurzelkropf** bezeichnet. Der Zuckergehalt wird zwar etwas herabgesetzt, *A. tumefaciens* spielt aber im Rübenanbau als wirtschaftlich wichtiger Parasit keine Rolle. Da jedoch die beim Zerfall der Wucherungen in den Boden gelangenden Bakterien mehrere Jahre lebensfähig bleiben und der Wirtspflanzenkreis sehr groß ist, sind Nachfolgefrüchte gefährdet. Das gilt insbesondere für Obstbaumschulen, die auf Flächen angelegt werden, auf denen in den vorangegangenen Jahren Rüben gestanden haben.

Als **Wurzelbrand** der Rüben bezeichnen wir eine Erkrankung der Keimlinge, bei denen sich der Wurzelhals braun bis schwarz verfärbt und zumeist einschnürt. Die Pflanzen brechen an der erkrankten Stelle um. Beim Auflaufen wird zunächst ein geschlossener Bestand beobachtet, nach kurzer Zeit entstehen Fehlstellen innerhalb der Drillreihen oder größere Nester innerhalb der Fläche. Als Wurzelbranderreger kommen verschiedene Pilzarten in Frage, die entweder mit dem Samen übertragen werden (*Phoma betae* Frank, *Macrosporium cladosporioides* Desm., *Alternaria tenuis* Nees.) oder als Saprophyten ständig im Boden leben und bei ungünstigen Entwicklungsbedingungen für die Rübe die jungen Pflanzen befallen (*Pythium debaryanum* Hesse, *Aphanomyces laevis* de By.) Das Schadbild wird gelegentlich mit dem Fraß des Moosknopfkäfers (S. 106) verwechselt.

Die wichtigste pilzparasitäre Blatterkrankung der Rübe ist die ***Cercospora*-Blattfleckenkrankheit**, verursacht durch *Cercospora beticola* Sacc.. Auf den Blättern werden 2–3 mm große, runde Blattflecke beobachtet, die zunächst braun gefärbt sind, später schmutziggrau werden. Charakteristisch ist ein roter Rand, der die Flecke gegen das gesunde Gewebe abgrenzt. Bei starkem Befall kommt es zu Verschmelzungen. Zunächst werden die äußeren Blätter befallen. Wenn sie absterben, werden von der Pflanze neue Blätter gebildet. Diese ständige Neubildung von Blättern führt zur Erschöpfung der Pflanze, der Zuckerertrag wird erheblich gemindert, der geschwächte und klein gebliebene Rübenkörper kann im Boden verfaulen. Der Pilz entwickelt sich bei hohen Temperaturen (20–25 °C), die Krankheit tritt daher gewöhnlich erst ab Ende Juli ein. Sie wird mit den Samen, an denen die Sporen bis zu 1 ½ Jahre lebensfähig bleiben, oder als Dauermyzel (Sklerotien), das an diesen haftet, übertragen. Die Sporen können im Boden nicht überwintern. Sklerotien, die mit Rübenresten in den Boden gelangt sind, bleiben dort jedoch lange Zeit lebensfähig, so daß auch eine Infektion vom Boden aus erfolgen kann. Zur Vorbeugung sollen die Rübenknäuel mit quecksilberhaltigen Mitteln gebeizt werden. Zur Direktbekämpfung kann nach Feststellung der ersten Krankheitssymptome mit Kupferpräparaten gespritzt werden.

Grauer bis violetter Pilzrasen auf der Unterseite der Blätter, die zumeist verkrümmt und nach abwärts eingerollt sind, zeigt Befall durch den **Falschen Mehltau** (*Peronospora schachtii* Fuck.) an. Der Pilz kann am Stecklingskopf überwintern und in der nächsten Vegetationsperiode zunächst die Samenträger schädigen. Von dort erfolgt die Infektion der Fabrikrüben und Stecklinge, wenn diese in unmittelbarer Nachbarschaft angebaut werden. Stecklinge sind vor der Einlagerung und im Frühjahr vor dem Auspflanzen auf Mehltaubefall zu kontrollieren.

Der **Rübennematode** (*Heterodera schachtii* Schmidt) hat in der Geschichte des mitteldeutschen Pflanzenschutzes eine ganz besondere Rolle gespielt. Im Jahr 1859 wurde er von dem Bonner Botaniker SCHACHT in der Magdeburger Börde an den Wurzeln geschädigter Rüben entdeckt. Zwölf Jahre später wurde er von dem in Aschersleben tätigen Archidiakon SCHMIDT beschrieben und benannt. Der Hallenser Professor für Landwirtschaft Julius KÜHN hat 1881 erstmalig auf die große Bedeutung dieses Schädlings hingewiesen. Seiner Initiative ist es zu verdanken, daß 1889 in Halle eine „Versuchsstation für Nematodenvertilgung“ und damit die erste landwirtschaftliche Pflanzenschutzstelle der Welt errichtet wurde.

Unter dem Namen *Heterodera schachtii* wurden lange Zeit alle zystenbildenden Nematoden zusammengefaßt. Im Jahr 1892 wurde von LIEBSCHER der Erbsennematode als eigene Art (*Heterodera göttingiana* Liebscher) abgetrennt, später wurde die Gattung in weitere Arten aufgeteilt.

In der zweiten Hälfte des vorigen Jahrhunderts hat der Rübennematode den deutschen Rübenanbau fast zum Erliegen gebracht. Erst um die Jahrhundertwende hatte man gelernt, mit ihm zu leben. Durch weitgestellte Fruchtfolge, in der die Rüben oder andere Wirtspflanzen, zu denen vor allem auch alle Kreuzblütler gehören, 6 bis 8 Jahre nicht angebaut wurden und durch eine sorgfältige Unkrautbekämpfung, war es gelungen, den Rübenanbau wieder rentabel zu gestalten. Der verstärkte Rapsanbau in der DDR hat jedoch dazu beigetragen, die Verseuchung unserer Böden mit den Zysten des Rübennematoden wieder wesentlich zu erhöhen. Im Jahr 1960 waren in der DDR etwas über 6000 ha der landwirtschaftlichen Nutzfläche verseucht, etwa die Hälfte davon wurde als stark befallen gemeldet. Der Entwicklungsgang des Rübennematoden ist dem des Kartoffelnematoden (S. 86) ähnlich. Der Rübennematode kann aber in einer Vegetationsperiode zwei bis drei Generationen bilden, während beim Kartoffelnematoden eine zweite Generation nur selten ihren Entwicklungsgang abschließt. Die Schädigung der Pflanzen ist daran erkennbar, daß die befallenen Rüben im Wachstum zurückbleiben, die Blätter sind kleiner, zumeist auch heller gefärbt. Bei Trockenheit erschlaffen sie am Tage schneller als die Blätter gesunder Rüben, richten sich aber wie diese in der Nacht ebenfalls wieder auf. Bei sehr starkem Befall sterben die Pflanzen ab, es kommt zu nesterartigen Fehlstellen. An den Wurzeln der geschädigten Rüben können ab Juni die braunen, zitronenförmigen Zysten beobachtet werden. Das Wurzelbild ist charakteristisch verändert. Die Hauptwurzeln sind in ihrer Entwicklung gehemmt, sie haben dafür viele Seitenwurzeln gebildet, der Rübenkörper ist mit einem ,,Wurzelbart "versehen. Sowohl Blattmasse wie Zuckerertrag werden erheblich gesenkt. Neben Zucker- und Futterrüben sind alle Meldegewächse gute Wirtspflanzen. Wie schon erwähnt, entwickelt sich der Rübennematode aber auch an Kreuzblütlern. Letztere werden durch den Nematoden nur unerheblich geschädigt, sie fördern aber die Vermehrung des Schädlings. Neben den kreuzblütigen Unkräutern, wie Hederich, Ackersenf und Hirtentäschel, trägt vor allem der Winterraps zur Erhöhung der Bodenverseuchung bei. Bei Aussaat im August können bereits im Oktober reife Zysten gebildet sein, im Frühjahr kann sich am Winterraps eine zweite Generation entwickeln. Daher sollen Zucker- oder Futterrüben niemals im ersten oder zweiten Jahr nach Raps folgen. Der Gesamtanteil der Wirtspflanzen des Rübennematoden soll im Anbauplan nicht über 25% liegen.

Gewisse Pflanzen sind „Feindpflanzen" des Rübennematoden, z. B. Luzerne, Mais, Roggen, Zichorie und Zwiebeln. Ihre Wurzelausscheidungen aktivieren das Larvenschlüpfen aus den Zysten ebenso wie Wirtspflanzen, die in die Wurzeln eindringenden Larven können sich jedoch nicht entwickeln. Daher sollen auf verseuchten Flächen derartige Feindpflanzen in die Fruchtfolge eingeschaltet werden (Reinigungsfruchtfolge). Es wird ferner empfohlen, neben den „Feindpflanzen" die als „Neutralpflanzen" bekannten Kartoffeln, Möhren, Lupinen, Hanf und Mohn bei der Anbaufolge zu berücksichtigen. Als Winterzwischenfrüchte dürfen auf verseuchten Flächen keinesfalls Kreuzblütler (Futterraps oder Futterrübsen) gewählt werden. Außerdem ist der Unkrautbekämpfung starke Beachtung zu schenken. Eine mit Hirtentäschelkraut verunkrautete Luzernefläche verliert z. B. ihre Feindpflanzenbedeutung. Ackersenf und Hederich im Getreide tragen ebenfalls zur Vermehrung des Rübennematoden bei. Für eine chemische Bekämpfung des Rübennematoden stehen uns zur Zeit noch keine wirtschaftlich vertretbaren Präparate zur Verfügung.

Große Bedeutung hat in den letzten Jahren die Rübenrasse des Stockälchens (*Ditylenchus dipsaci* Kühn) gewonnen. Der von diesem Nematoden verursachte Schaden ist als **Rübenkopffäule** oder **Wurmfäule** bekannt. Bereits bei den Keimpflanzen können Verdikkungen des Triebes und Mißbildungen der ersten Blätter beobachtet werden. Charakteristisch sind aber schorfartige Verkrustung und Rißbildungen des Rübenkopfes mit Braunverfärbung und Vermorschung bis in das Zentrum hinein. Futterrüben werden besonders stark

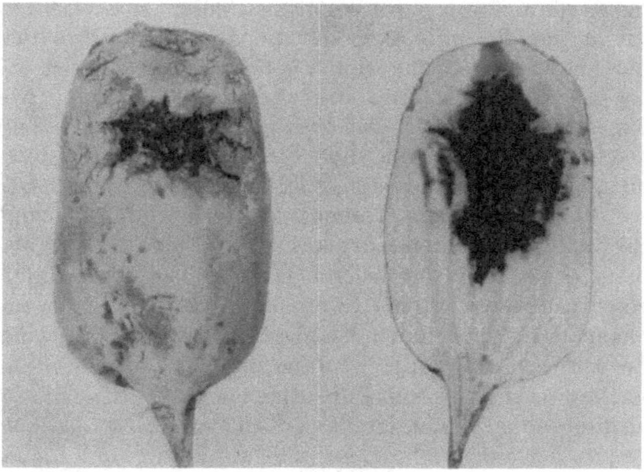

Abb. 19: Rübenkopffäule bei Futterrübe

angegriffen, doch ist auch Befall von Zuckerrüben bekannt. Da von der Rübenrasse des Stockälchens auch Getreide, Mais, Sonnenblumen, Möhren und Zwiebeln befallen werden können, sind auf verseuchten Flächen diese Pflanzen aus der Fruchtfolge auszuschließen. Außerdem ist auch hier die Vernichtung der Unkräuter, von denen Vogelmiere, Hederich, Ackersenf, Klebkraut und Kreuzkraut als Wirtspflanzen bekannt sind, besondere Aufmerksamkeit zu widmen.

Käfer und Larven der mit etwa 140 Arten in Mitteleuropa vertretenen Familie der Aaskäfer (*Silphidae*) leben fast ausschließlich an Tierleichen. Als Pflanzenschädlinge spielen zwei Arten der Gattung *Aclypea* eine Rolle, die als Larve und Käfer vorwiegend im Rübenbau schädlich werden. Die Käfer sind dunkel, fast schwarz gefärbt, sie sind breit und abgeflacht. Der **Buckelstreifige Rübenaaskäfer** (*A. opaca* L.) ist 9—12 mm lang und 5—6 mm breit. Die Flügeldecken tragen drei stark hervortretende Längsleisten, zwischen denen sie glatt sind. Sie werden durch zwei kräftige Beulen im hinteren Drittel der Deckflügel gekennzeichnet. Der **Runzlige** oder **Schwarze Rübenaaskäfer** (*A. undata* Müll.) ist etwas größer, 11—15 mm lang und 6—7 mm breit. Die Flügeldecken sind zwischen den erhabenen Längsleisten runzelig genarbt, die Beulen fehlen. — Die Larven der Aaskäfer sind asselartig, deutlich geringelt. Die des Buckelstreifigen Rübenaaskäfers sind glänzend schwarz, die einzelnen Körperabschnitte sind gelb gerandet, ebenso sind die beiden Hinterleibsanhänge gelb gefärbt. Sie werden bis 13 mm lang und sind fast unbehaart. Die Larven des Runzligen Rübenaaskäfers sind mattschwarz, die gelbe Umrandung fehlt. Sie werden bis 15 mm lang. — Auf Rübenflächen wird oft auch der **Düstere** oder **Flachstreifige Rübenaaskäfer** (*Silpha obscura* L.) angetroffen, der sich als Käfer und Larve jedoch von Schnecken, Raupen, Fliegenmaden usw. ernährt und nur gelegentlich bereits vermodernde Rübenblätter befrißt. Er ist größer als die anderen Rübenaaskäfer, 13—17 mm lang, 7—7,5 mm breit. Die Längsleisten auf den Flügeldecken des mattschwarzen Käfers sind nur schwach ausgebildet, die Zwischenräume sind fein punktiert. Die Larven sind bräunlich gelb, die Seitenränder der einzelnen Körperabschnitte sind deutlich flügelartig ausgezogen.

Die Käfer beider *Aclypea*-Arten zerkauen die Blattränder vom Rande her. Dabei werden die weichen Blatteile von dem ausgeschiedenen Magensaft aufgelöst, während die härteren Teile (Blattadern) zurückbleiben, vertrocknen und schwarz werden. Der angegriffene Blattrand erhält ein faserig zerfranstes Aussehen. Die

Larven fressen ebenfalls vom Blattrand her. Ihre bis fast zur Mitte reichenden Fraßstellen zeichnen sich aber durch ihre Glattrandigkeit aus.

Der **Buckelstreifige Rübenaaskäfer** ist vor allem auf leichten Böden verbreitet. Er benötigt für die Überwinterung lockere, trockene, warme Böden an Waldrändern und unter Gebüschen. Feuchtwarme Winterwitterung schädigt die Käfer im Winterlager. Mitte bis Ende Mai erscheinen die Käfer auf den Rübenflächen. Die Besiedelung erfolgt vom Feldrand aus. In der zweiten Maihälfte und im Juni fressen Käfer und Larven an den Rüben, die sie bei Massenauftreten schwer schädigen können. Die Verpuppung erfolgt im Boden. Bereits ab Ende Juni, zumeist aber erst im Juli, erscheinen die ersten Jungkäfer, die nach einem kurzen Ernährungsfraß im August die Winterquartiere aufsuchen. — Der **Runzlige Rübenaaskäfer** erscheint gewöhnlich etwas später auf den Rübenflächen. Er ist aber in bezug auf die Bodenverhältnisse nicht so wählerisch.

Bei Massenauftreten können die Rübenaaskäfer sehr gefährlich werden. Eine Larve benötigt z. B. zur Ernährung ungefähr 40 cm^2 Rübenblatt. Richtige agrotechnische Maßnahmen kräftigen die Rübenpflanzen und geben ihnen die Möglichkeit, leichte Fraßschäden schnell zu überwinden. Zur chemischen Bekämpfung werden DDT- und Parathion-Präparate empfohlen. Bei rechtzeitiger Feststellung der Zuwanderung kann eine mehrmalige Behandlung der Feldränder ausreichen.

Der **Neblige Schildkäfer** (*Cassida nebulosa* L.) ist ein Beispiel für das Überwechseln eines Pflanzenschädlings von Wildpflanzen auf Kulturpflanzen. Die Bezeichnung „Schildkäfer“ für die Käferfamilie *Cassidae* ist darauf zurückzuführen, daß die Ränder des Halsschildes und der Flügeldecken den ovalen, flachgedrückten Körper seitlich weit überragen. Der Neblige Schildkäfer ist 5 bis 7 mm lang. Er ist anfangs grünlich, später rostbraun gefärbt. Die Flügeldecken sind durch stark hervortretende Längsrippen und in den Zwischenfeldern deutlich erkennbare Punktreihen charakterisiert. Die gelbgrünen, bis zu 9 mm langen Larven zeichnen sich durch verzweigte, weißliche Borsten an den Körperseiten und eine lange, bedornte Schwanzgabel aus, auf der die Larvenhäute und Kotreste herumgetragen werden. Die Käfer überwintern in der Laubstreu an Waldrändern und unter Gebüschen. Im Frühjahr suchen sie Wildchenopodiaceen, vor allem die auf Rübenflächen als Unkräuter häufig vorkommenden Meldearten auf. An die Blattunterseite dieser Pflanzen legen sie ihre Eier. Die Larven fressen zunächst an den Blättern der Meldepflanzen. Werden diese bei der Hackarbeit vernichtet, wandern die Larven von den vertrocknenden Pflanzen auf die Rüben über. Eine Eiablage an Rübenblättern wurde bisher nicht beobachtet. Die Verpuppung erfolgt auf der Unterseite der Rübenblätter, aus denen die weichen Teile der Blattspreite zwischen den stärkeren Blattrippen herausgefressen werden. Die Jungkäfer erscheinen ab Mitte Juli. Sie suchen zumeist bald die Winterlager auf. In witterungsmäßig günstigen Jahren soll die Entwicklung einer zweiten Generation möglich sein, doch darf vermutet werden, daß sich diese Angaben auf Larven beziehen, die aus spät abgelegten Eiern stammen, und die noch im Herbst an den Rüben angetroffen werden.

Rechtzeitige Vernichtung der Meldegewächse in den Rübenbeständen mindert den Befall der Rüben durch den Nebligen Schildkäfer. Sind die ausgehackten Pflanzen bereits mit Larven besetzt, müssen sie aufgesammelt und aus dem Rübenschlag entfernt werden. Gegen Larven und Käfer können DDT- und Parathionpräparate mit gutem Erfolg eingesetzt werden.

Der **Rübenderbrüßler** (*Bothynoderes punctiventris* Germ.) ist an das kontinentale Klima angepaßt und ist in Südosteuropa, im Süden der UdSSR und in der Türkei ein Dauerschädling. Im deutschen Rübenanbaugebiet begünstigen trockene und anormal warme Sommer seine Vermehrung. In der Umgebung von Merseburg und Mansfeld wurde er 1935 schädlich, nach dem trockenen und warmen Sommer 1947 und der ebenfalls trockenen Frühjahrswitterung 1948 kam es zu einer bis dahin im deutschen Rübenanbaugebiet nicht beobachteten Massenvermehrung in den Bezirken Halle und Magdeburg. Im Jahr 1949 ist sie wieder zusammengebrochen, nur im Geiseltal bei Merseburg, das infolge der Senkung des Grundwasserspiegels die für den Rübenderbrüßler erforderliche Trockenheit gewährleistet, kann der Schädling in jedem Jahr beobachtet werden. Weitere Gebiete, in denen der Rübenderbrüßler häufiger ist, sind aus Trockenzonen am Kyffhäuser und im Kreis Belzig bekannt.

Der schmal-länglich-ovale Körper ist 11—16 mm lang. Der Körper ist mit weißlichgrauen bis schwärzlichen Schuppen bedeckt. Auf den Flügeldecken sind die Schuppen in hellen und dunklen Querbinden angeordnet. Charakteristisch sind je eine im hinteren Drittel der Flügeldecken deutlich hervortretende, beulenförmige Erhebung. Die Käfer führen einen Randfraß an den Rübenblättern durch. Dabei reiten sie zumeist auf dem Blattrand. Sie legen ihre Eier in den Boden. Die weißlichen, engerlingsartigen, aber beinlosen Larven suchen die Rübenkörper auf und fressen tiefe Löcher in diese. Sie verpuppen sich in der Nähe des Fraßortes. Der Käfer schlüpft noch im Spätsommer, verbleibt aber bis zum Frühjahr in der Puppenwiege.

Zur Bekämpfung des Rübenderbrüßlers eignen sich Fanggräben, insbesondere Fangschlitze, die mit den Fangschlitzgeräten S 661 oder S 662 hergestellt wurden. Fanggräben oder Fangschlitze können gleichzeitig mit Insektiziden behandelt werden. Der Käfer kann bei Besonnung und hohen Temperaturen zwar fliegen und im Flug auch größere Entfernungen u. a. auch breitere Flüsse überbrücken, wandert aber im Frühjahr zumeist auf dem Boden von den vorjährigen Rübenflächen auf die neuen Flächen über. Fanggräben oder Fangschlitze können um die vorjährigen Rübenflächen gezogen werden, um das Abwandern der Käfer zu verhindern, oder als Schutzmaßnahme gegen die Zuwanderung um die neuen Rübenflächen angelegt werden. Zur chemischen Bekämpfung haben sich Lindan- und Parathion-Stäubemittel in der Aufwandmenge von 30 kg/ha bewährt. Bei rechtzeitiger Bekämpfung kann die Behandlung eines mehr oder weniger breiten Randstreifens im Bereich der Zuwanderungszone ausreichend sein.

Neben dem Rübenderbrüßler spielen unter den Rüsselkäfern der **Spitzsteißrüßler** (*Tanymecus palliatus* Fb.) und der **Luzernerüßler** (*Brachyrrhinus ligustici* L.) eine Rolle. Ersterer ist kleiner als der Rübenderbrüßler, schlanker und bräunlichgrau beschuppt. Das Hinterende verjüngt sich stark. Letzterer ist kugelig oval und einfarbig grau beschuppt. Der Spitzsteißrüßler führt einen Kerbefraß am Blattrand aus, er hat einen großen Wirtspflanzenkreis, Larvenschäden sind von Rüben noch nicht bekannt geworden. Der Luzernerüßler entwickelt sich an Luzernewurzeln. Die auf alten Luzerneflächen geschlüpften, fluguntüchtigen Käfer wandern von diesen ab und vernichten beim Überqueren von Rübenflächen im Frühjahr die Jungpflanzen. Eiablage erfolgt nur auf Luzerneflächen. Diese Käfer können in gleicher Weise bekämpft werden wie der Derbrüßler. Schadbilder, die denen des durch Pilze verursachten Wurzelbrandes sehr ähnlich sind, verursacht der **Moosknopfkäfer** (*Atomaria linearis* Steph.). Es handelt sich um einen nur 1—1,5 mm langen, braun gefärbten Käfer, der im Frühjahr oft in großer Zahl an dem Wurzelhals der jungen Rübenpflanzen frißt. Dabei wird die Rindenschicht weggenagt, so daß die Pflanzen ihren Halt verlieren und an der Fraßstelle abbrechen. In die Blätter werden Löcher gefressen, die an Erdflohfraß erinnern. Die Larven fressen an den feinen Wurzeln ihrer Wirtspflanzen, zu denen außer den Rüben auch Spinat und Mangold gehören. Die noch im Sommer schlüpfenden Jungkäfer überwintern in der Hauptsache an auf dem Felde oder am Feldrand verbliebenen Rübenresten.

Rübenabfälle müssen daher rechtzeitig vom Feld und vom Feldrand entfernt werden. Die chemische Bekämpfung mit synthetischen Insektiziden stößt wegen der verborgenen Lebensweise der Käfer auf Schwierigkeiten. Durch Samenbehandlung mit Kombinationsbeizmitteln oder mit Saatgutpudermitteln kann eine Schadminderung erzielt werden.

Mehrfach sind die Raupen der **Gammaeule** (*Phytometra gamma* L.) an Rüben schädlich geworden, z. B. 1928, 1946 und 1962. Die Raupe ist nicht auf die Rübe spezialisiert, sie greift sehr viele Kultur- und Wildpflanzen an, u. a. auch Kartoffeln, Klee, Kohl, Bohnen, und verursacht bei Massenauftreten in sehr kurzer Zeit Kahlfraß. Sie variiert je nach der Futterpflanze in der Farbe, d. h. sie paßt sich ihrer Umgebung so gut an, daß sie im Jugendstadium zumeist übersehen und erst erkannt wird, wenn sie bereits erhebliche Fraßschäden verursacht hat. Die Grundfarbe ist grün, es sind aber auch Farbübergänge über blaugrün, bräunlichgrün bis fast schwarz mit vereinzelten grünen Flecken möglich. Charakteristisch sind sechs schmale weiße Längsstreifen auf dem Rücken und ein gelber Längsstreifen an jeder Seite. Außerdem ist die Raupe durch das Fehlen von zwei Paar Afterfüßen charakterisiert. Während die Raupen der Schmetterlinge mit Ausnahme der Spanner 5 Paar Afterfüße besitzen, finden wir bei der Raupe der Gammaeule nur drei Paar. Dadurch bewegt sie sich ähnlich katzenbuckelartig fort, wie die mit nur zwei Paar Afterfüßen ausgestatteten Spannerraupen. Der Falter hat eine Flügelspannweite von 35 bis 40 mm. Die Flügel sind hell und dunkel marmoriert. Ein besonderes Kennzeichen ist die silberweiße, dem griechischen Buchstaben Gamma entsprechende Zeichnung auf beiden Vorderflügeln. Die Falter sind Dämmerungstiere, die zur Nahrungsaufnahme Blüten aufsuchen. Sie werden durch Lichtquellen angelockt, stärkeres Auftreten kann daher durch Lichtfang kontrolliert werden. Ihre blaßgrünen, halbkugeligen und gerippten Eier legen die

Weibchen an die Blätter der Wirtspflanzen der Raupen ab. Die Gammaeule ist ein Wanderfalter. Starkes Auftreten bei uns ist zumeist auf Zuwanderung aus südlicheren Ländern zurückzuführen. In einer Vegetationsperiode entwickeln sich mindestens zwei Generationen. Ein nach Zuwanderung erfolgtes Massenauftreten wird fast immer durch Virus- und Pilzerkrankungen der geschwächten Population des Massenvermehrungsjahres im Herbst beendet.

Der Hauptfraß der Raupen fällt in den Monat Juli. Zur Bekämpfung können Parathion-Präparate mit gutem Erfolg eingesetzt werden. Da jedoch die Bekämpfung zumeist schlagartig erfolgen muß, ist bei Gammaeulenauftreten ein Flugzeugeinsatz vorzuziehen. In diesem Fall sind DDT-Lindan-Sprühmittel einzusetzen. Das Gammaeulenauftreten wird vom Warndienst unserer Pflanzenschutzämter überwacht, der rechtzeitig über die Bekämpfungsnotwendigkeit orientiert.

Die **Rübenfliege** wird bisher in den Lehrbüchern mit dem wissenschaftlichen Namen *Pegomyia hyoscyami* Panz. bezeichnet. Minen der Larven dieser Fliege sind aus Blättern von Zucker- und Futterrübe, Spinat, Melde und Bilsenkraut bekannt. Da beobachtet wurde, daß oft die Blätter der Melde-Arten stark von den Fliegenmaden besetzt waren, während benachbarte Rüben keinen Befall zeigten, glaubte man zunächst an zwei verschiedene Rassen. Die an Rüben auftretende Rasse wurde als *P. hyoscyami betae* Curt. bezeichnet. Neuerdings wurde in Frankreich festgestellt und in den übrigen mitteleuropäischen Ländern bestätigt, daß zwei getrennte Arten vorliegen, von denen *P. betae* Curt., die eigentliche „Rübenfliege", Zucker-, Futterrüben, Spinat, Mangold usw. befällt, während *P. hyoscyami* Panz., die „Bilsenkrautfliege" zwar gelegentlich auch *Beta*-Rüben mit Eiern belegt, sich aber vor allem in den Blättern der Melde-Arten und des Bilsenkrautes entwickelt.

Die unserer kleinen Stubenfliege ähnliche Rübenfliege fliegt im Mai, etwa zu Beginn der Roßkastanienblüte.

Sie legt ihre walzenförmigen, weißen Eier in kleinen Gruppen an die Blattunterseite ihrer Wirtspflanzen. Die nach 4 —6 Tagen schlüpfenden Larven bohren sich in das Blattgewebe ein. Sie legen dort zunächst eine Gangmine an, die sich allmählich erweitert und schließlich zu einer großen Platzmine wird. Sie wird von meh-

Abb. 20: Minen der Rübenfliege

reren Larven bewohnt. Die zunächst blaßgrünen bis weißlichen Platzminen heben sich deutlich vom unbeschädigten Blattgewebe ab. Sie vertrocknen später und verfärben sich bräunlich. Ein mit mehreren Minen besetztes Blatt wirkt wie verbrannt. Die Larven werden bis zu 8 mm lang, sie sind nach 12—14 Tagen erwachsen, verlassen das Blatt und verpuppen sich im Boden. Nach 18—20 Tagen schlüpfen die Fliegen der zweiten Generation. Zumeist entwickeln sich bei uns drei Generationen, die aus der letzten hervorgehenden Puppen überwintern 2—5 cm tief im Boden in der Nähe des Rübenkörpers. Für eine Prognose über das im folgenden Frühjahr zu erwartende Rübenfliegenauftreten werden im Herbst Bodenproben auf Tönnchenbesatz untersucht. Mit der bei der Ernte den Rüben anhaftenden Erde werden viele Tönnchen verschleppt und gelangen beim Säubern der Rüben in den Zuckerfabriken in die Schlämmteiche. Zur Prognose werden auch dort Rübenfliegentönnchen entnommen. Die aus dem Boden und aus den Schlämmteichen gewonnenen Tönnchen werden im Labor auf das Schlüpfen von Rübenfliegen und deren Parasiten untersucht. Aus den gewonnenen Ergebnissen folgert der Warndienst unserer Pflanzenschutzämter rechtzeitig den zu erwartenden Befall und die Bekämpfungsnotwendigkeit. Eine letzte Feststellung zur Bekämpfungsnotwendigkeit ist zur Zeit der Eiablage notwendig. Als gefährlich gelten 2—3 Eier je Blatt im Durchschnitt der ausgebildeten Laubblätter. Bei sehr trockener Witterung können die Eier auf den Blattunterseiten vertrocknen, daher ist auch der Zustand der Eier festzustellen.

Die chemische Bekämpfung war früher gegen die Fliegen selbst gerichtet. Da die Fliegen vor der Eiablage noch Nahrung aufnehmen müssen, können sie mit vergifteten Zuckersäften angelockt werden. Von einer solchen Behandlung konnte abgegangen werden, als die organischen Phosphorsäureverbindungen in den Pflanzenschutz eingeführt wurden. Infolge ihrer Tiefenwirkung töten sie bei rechtzeitiger Anwendung die jungen Larven in den Gangminen ab und verhindern die Ausbildung der Platzminen. Zur Rübenfliegenbekämpfung werden daher heute Präparate auf der Basis Parathionmethyl, Trichlorphon und Dimethoat empfohlen.

Die die Rüben besiedelnden **Blattläuse** werden in erster Linie als Überträger der Viren des Rübenmosaiks und der Vergilbungskrankheit gefährlich. Hauptvektor dieser Virosen ist die **Pfirsichblattlaus** (*Myzus persi-*

cae Sulz.), die auf Rübenfeldern weit verbreitet ist, aber nur bei Massenauftreten auch direkt schädigt (S. 91). Die gefährlichste Blattlaus im Rübenbau ist die **Schwarze Rübenlaus** (*Aphis fabae* Scop.), die sowohl Virusvektor wie auch ein sehr ernst zu nehmender Direktschädling ist. Vor allem sind Samenträger gefährdet, aber auch im Fabrikrübenanbau können erhebliche Ertragsminderungen verursacht werden.

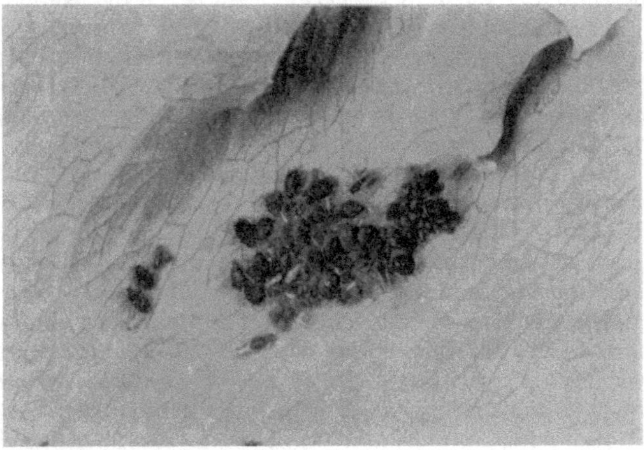

Abb. 21 Schwarze Rübenlaus auf Mohnblatt

Hauptwirt der **Schwarzen Rübenlaus** sind das Pfaffenhütchen (*Evonymus europaea* L.) und der Schneeball (*Viburnum lantana* L.), auf denen im Herbst die Wintereier abgelegt werden. Im Frühjahr entwickeln sich hier die Fundatrizen sowie die ersten Fundatrigenien-Generationen. Im Sommer fliegen die Blattläuse auf krautige Pflanzen über. Bevorzugte Sommerwirte sind die Pferde- oder Saubohne (*Vicia faba* L.), die *Beta*-Rüben und der Mohn, aber auch viele andere Kultur- und Wildpflanzen werden besiedelt. Bei Fabrikrüben bilden sich die Blattlauskolonien an den Blättern, während bei Samenträgern vornehmlich der Blütenstand besiedelt wird.

Die Blätter reagieren auf die Saugtätigkeit durch Rollungen und Kräuselungen, bei Befall der Blütenstände der Samenträger verkümmern diese, der Samenertrag ist geringfügig.

Samenträgerflächen sollen möglichst auf dem Wind ausgesetzten Flächen angelegt werden. Windgeschützte Lagen begünstigen den Befall und die Vermehrung der Blattlaus. Zur chemischen Bekämpfung eignen sich neben den Parathion-Präparaten vor allem die systemischen Insektizide, die die Pflanze für längere Zeit schützen. Ein Versagen der Parathion-Präparate kann bei für die Vermehrung der Blattläuse günstiger warmer und trockener Witterung beobachtet werden, weil dann der Wirkstoff zu schnell in die Gasphase übergeht.

Die **Rübenblattwanze** (*Piesma quadratum* Fieb.) wurde bereits auf S. 96 als Vektor der Kräuselkrankheit der Rübe genannt. Die etwa 3,5 mm lange Wanze ist grau bis rotbraun gefärbt, Thorax und Flügeldecken sind schwarz gefleckt, charakteristisch sind die roten Augen, vor denen ein zweizackiger Fortsatz des Kopfes ausgebildet ist. Dieser Fortsatz fehlt der nahe verwandten Art *P. maculatum* Lap., bei *P. capitatum* Wolff trägt er nur eine Spitze. Beide Arten können leicht mit *P. quadratum* verwechselt werden, da sie gelegentlich auch auf Rüben auftreten, beide sind aber keine Virusvektoren.

Die Rübenblattwanze bevorzugt leichten Boden. Sie überwintert im Boden an warmen Waldrändern, trokkenen Gräben, unter Gebüschen usw. In der zweiten Aprilhälfte oder im Mai verläßt sie die Winterquartiere und fliegt auf die Rübenfelder über Dabei erfolgt eine Besiedelung vom Rande her. Ab Anfang Mai werden die Eier an die Blattrippen auf der Blattunterseite gelegt. Im Juli erscheinen die ersten Vollinsekten einer zweiten Generation, die sich jedoch nur in warmen Jahren entwickeln kann. Bei Trockenheit kann die Abwanderung der Vollinsekten in die Winterquartiere bereits im Juli beginnen.

Die Saugstellen der Wanzen an den Blättern sind als rundliche, weiße Flecke leicht zu erkennen. Sie trocknen später ein. Bei starkem Befall können junge Rübenpflanzen allein durch die Saugtätigkeit vernichtet werden. In der Hauptsache wird aber die Wanze als Vektor des Virus der Kräuselkrankheit gefährlich. Zur Bekämpfung wurden früher Fangstreifen rings um das Feld zur normalen Saatzeit der Rüben gedrillt (Fangstreifenmethode). Nach Zuwanderung der Wanzen wurden sie umgebrochen, erst dann konnte die eigentliche Aussaat erfolgen. Diese Methode hatte Ertragsminderungen zur Folge. Heute kann empfohlen werden, die Rüben zum normalen Termin auf der gesamten Fläche zu drillen, bei Zuwanderung der Wanzen, die genau beobachtet werden muß, sind jedoch die Feldränder rechtzeitig und wiederholt mit Parathionmitteln zu stäuben (Niedersächsisches Verfahren). Die Aufwandmenge für die bei uns anerkannten Parathion-methyl-Präparate darf dabei nicht unter 30 kg/ha liegen. Die zu behandelnde Fangstreifenbreite richtet sich nach der Beobachtung der Einwanderungstiefe, die an Hand der charakteristischen Saugflecke der Wanzen genau abgegrenzt werden kann. Maßnahmen gegen die Rübenblattwanze müssen in durch die Kräuselkrankheit gefährdeten Gebieten schlagartig auf allen Rübenflächen durchgeführt werden.

V. Krankheiten und Schädlinge der Ölfrüchte

Die wichtigsten und ertragreichsten Ölfrüchte sind der Winterraps und der Winterrübsen. Wesentliche Voraussetzung ist, die für die einzelnen Gebiete unserer Republik bekannten Aussaattermine einzuhalten. Winterraps und Winterrübsen, die nicht rechtzeitig gedrillt werden, oder die zu früh ausgebracht werden, erliegen der Gefahr der **Auswinterung**. Genaue Untersuchungen haben gezeigt, daß gesunde und kräftig in den Winter gegangene Pflanzen auch Winter mit Kahlfrösten überstehen. Winterraps und Winterrübsen überstehen Kahlfröste bis zu $-14°$, auf trockenen Böden sogar bis zu $-20°$ C. Zumeist ist die Auswinterung auf Pilzkrankheiten oder auf Angriffe durch tierische Schädlinge zurückzuführen. Von besonderer Bedeutung ist der Rapserdfloh (S. 118). Milde, bis in die ersten Wintermonate anhaltende Herbstwitterung kann allerdings die Pflanzen zu üppigem Wachstum und zur vorzeitigen Stengelbildung veranlassen, so daß die Pflanzenentwicklung nicht rechtzeitig zum Stillstand kommt und ein plötzlicher Temperatursturz das Erfrieren des noch zu wasserhaltigen Gewebes verursacht. Bei vorzeitigem Schossen ist das Herz bereits über den Boden gehoben. Es ist den Winterwinden ausgesetzt. Ein Schutz durch die Schneedecke ist erst gewährleistet, wenn diese die Höhe der Pflanzen erreicht. Auch zu dichte Aussaat kann eine Auswinterung verursachen, da die Pflanzen zu schwach bleiben und vergeilen. Eine verkrustete, hohe Schneedecke fördert die *Typhula*-Fäule.

Die echte Auswinterung kann zu sehr hohen Verlusten führen. Vor dem Entschluß zum Umbruch, sollte jedoch stets erst der zuständige Vertreter des amtlichen Pflanzenschutzdienstes angehört werden. Winterraps und Winterrübsen sind sehr regenerationsfähig. Nur am Feld selbst kann ein Urteil abgegeben werden, ob ein Umbruch ratsam ist. Der Minderung der Auswinterungsschäden dient die sorgfältige Beachtung der Anbauvorschriften. Raps und Rübsen müssen im Rosettenstadium in den Winter gehen, d. h. das Herz soll noch am Boden liegen. Das wird erreicht, wenn termingerecht gedrillt wird, wenn die ortsgebundene Aussaatmenge eingehalten wird, und wenn die erforderlichen Bekämpfungsmaßnahmen gegen die Winterschädlinge durchgeführt werden.

Während die Auswinterung in der Hauptsache durch sehr tiefe Temperaturen bei fehlender Schneedecke in den Wintermonaten bedingt ist, können **Spätfröste** die Pflanzen noch zur Zeit des Schossens, der Blütezeit und der Schotenbildung schädigen. Die Stengel sind in diesem Fall in einem scharf abgegrenzten Teil gebräunt, verkrümmt und brettartig aufgerissen.

Bei Spätfrösten während der Blütezeit sterben die Blüten in einem scharf begrenzten Teil des Blütenstandes ab, die Schotenbildung unterbleibt. Fröste, die während der Schotenentwicklung einwirken, veranlassen Verkümmerung der Schoten und Schrumpfung der Samenanlagen. Ähnliche Schadbilder werden auch durch Insekten verursacht, Stengelschäden durch den **Großen Rapsstengelrüßler** (*Ceuthorrhynchus napi* Gyll. S. 120), Blüten- oder Schotenschäden durch den **Rapsglanzkäfer** (*Meligethes aeneus* F. S. 121). Charakteristisch für Spätfrostschäden ist stets die scharfe Abgrenzung. Nur der Teil der Pflanze, der sich zur Zeit des Spätfrostes in einem besonders empfindlichen Stadium befindet, weist die oben beschriebenen Schädigungen auf.

Spindelförmige Wucherungen an den Wurzeln, die nach Verschmelzung den gesamten Wurzelbereich erfassen können, werden von dem Schleimpilz *Plasmodiophora brassicae* Wor. verursacht. Diese als **Kohlhernie** bezeichnete Krankheit ist vor allem für die Kohlarten gefährlich, der Pilz greift aber alle Kreuzblütler an. Sommerraps und Sommerrübsen sind stärker gefährdet als die Winterformen, weil der Pilz bei höheren Temperaturen bessere Entwicklungsmöglichkeiten hat. Auf mit dem Kohlhernie-Pilz verseuchten Flächen muß die Fruchtfolge so gestaltet werden, daß Kreuzblütler nur in großen Zeitabständen angebaut werden. Auch auf die Bekämpfung der kreuzblütigen Unkräuter – vor allem Ackersenf und Hederich – ist besonderer Wert zu legen. Reichliche Kalkung wirkt befallsmindernd, eine übermäßige Stallmistgabe ist auf Befallsflächen zu vermeiden.

Als **Rapsschwärze** oder **Rapsverderber** wird eine durch den Pilz *Alternaria brassicae* Sacc. verursachte Krankheit bezeichnet, die sich durch schwarzbraune Flecken an den Schoten, am Stengel und bei starkem Befall auch auf den Blättern bemerkbar macht. Auf den grünen Schoten und am Stengel sind die Flecke rundlich bis

Abb. 22: Rapsschwärze

oval und haben einen Durchmesser von 0,5 bis 3 mm, auf den Blättern werden sie größer und sind zumeist von einem gelblichen Hof umgeben. Die befallenen Schoten schrumpfen, die Samenanlagen verkümmern. Die Schoten können auch vorzeitig aufplatzen und die noch unreifen Samen ausstreuen. Feuchtwarme Witterung sowie Befall durch den Kohlschotenrüßler (S. 122) oder durch die Kohlschotenmücke (S. 122) begünstigen die Erkrankung. Raps und Rübsen soll nicht in befallsfördernden Lagen, d. h. in Lagen mit hoher Luftfeuchtigkeit angebaut werden. Die den Befall fördernden Schädlinge (s. o.) müssen rechtzeitig bekämpft werden.

Wird der bereits schotentragende Stengel vorzeitig gelb und lassen sich am Stengel gelbliche bis weißliche, etwa handbreite Stellen erkennen, deuten diese Merkmale auf den Ball durch den Pilz *Sclerotinia sclerotiorum* Sacc. hin. Die Krankheit wird als **Rapskrebs, Sklerotienkrankheit** oder **Handgriffkrankheit** bezeichnet. Beim Öffnen des Stengels im Bereich der erkrankten Stellen erkennt man ein weißes Myzel des Pilzes oder schwarze 2 bis 10 mm lange Dauerkörper (Sklerotien). Der Pilz befällt viele Kulturpflanzen, seine Dauerkörper können im Boden jahrelang lebensfähig bleiben. Sie werden auch mit schlecht gereinigtem Saatgut verschleppt. Für die Entwicklung des Pilzes ist Feuchtigkeit notwendig. Daher sollen Rapsflächen niemals in feuchten Lagen angelegt werden.

Im Frühjahr, gelegentlich auch schon im Herbst, zeigen Blätter und Stengel der Rapspflanzen bleiche Flecke. Bei Feuchtigkeit entwickelt sich auf der Unterseite der Blätter im Bereich der verfärbten Stellen ein weißlichgrauer Pilzrasen. Es handelt sich dabei um Befall durch den Falschen Mehltau (*Peronospora brassicae* Gäum.), der zumeist keine Bekämpfungsmaßnahmen erforderlich macht, da er nur die unteren Blätter befällt, die im Verlauf der Pflanzenentwicklung sowieso absterben.

Unter den tierischen Schädlingen von Raps und Rübsen kommt dem **Rübennematoden** (S. 98) als Direktschädiger der Pflanzen nur eine untergeordnete Bedeutung zu, da die Pflanzen einen Angriff durch ihn infolge ihrer Regenerationsfähigkeit zumeist leicht überstehen. Raps und Rübsen sind aber gute Vermehrungspflanzen für den Rübennematoden. Aus diesem Grunde sollen, wie schon auf S. 98 dargelegt wurde, auf mit Rübennematoden verseuchten Flächen Rüben niemals als Nachfolgefrucht von Raps oder Rübsen angebaut werden.

Der auflaufende Winterraps wird bei günstiger Herbstwitterung zunächst von den **Kohlerdflöhen** heimgesucht. Es handelt sich dabei um die Jungkäfer, die sich im Sommer an den verschiedensten kreuzblütigen Pflanzen entwickelt haben. Sie führen an den Winterölsaaten noch einen Ernährungsfraß durch, bevor sie die Winterquartiere in der Bodenschicht der Feldraine, Straßengräben, Waldränder, unter Laub, auf den Feldern oder in Rindenrissen an Baumstämmen aufsuchen. Es handelt sich um Vertreter der Gattung *Phyllotreta* mit Arten, deren Flügeldecken einfarbig schwarz, blaugrün oder dunkel, mit gelben Längsstreifen versehen sind, die im Frühjahr als Kohlschädlinge eine große Rolle spielen. Junge Winterrapssaaten können sie vollkommen vernichten. Ihre Bekämpfung kann durch Stäuben von Insektiziden auf DDT-, Lindan- oder Phosphorsäureesterbasis erfolgen, eine Schadminderung wird auch durch das gegen den Rapserdfloh und den Kohlgallenrüßler wirksame Verfahren der Sameninkrustierung erreicht.

Der **Rapserdfloh** (*Psylliodes chrysocephala* L.) ist der gefährlichste Winterschädling von Raps und Rübsen. Während die Kohlerdflöhe schon wenige Tage nach dem Auflaufen der Pflanzen in die Winterquartiere abwandern, wird der Rapserdfloh erst zu dieser Zeit aktiv. Er ruft an den jungen Blättern ebenso wie die Kohlerdflöhe einen Siebfraß hervor. Die Weibchen legen ihre Eier in den Boden. Die aus den Eiern schlüpfenden Larven suchen die jungen Pflanzen auf und bohren sich in die Blattstiele ein, von dort dringen sie in das Herz der Pflanze ein. Durch den Larvenfraß im Herz der Pflanze wird diese abgetötet. Fünf Larven je Pflanze wirken auf jeden Fall tödlich, doch kann der Tod der Pflanze auch schon durch eine geringere Anzahl veranlaßt werden, wenn die Larven die Sproßknospe zerstören. Käfer, Eier und Larven können in milden Wintern bis zum Frühjahr aktiv bleiben. Larven, die aus spät abgelegten Eiern oder aus überwinterten oder erst im Frühjahr abgelegten Eiern stammen, bohren sich in die Blattstiele der schossenden Raps- oder Rübsenpflanzen ein. Sie schädigen die Pflanzen zumeist nicht mehr, die Feststellung des Larvenbefalls je Pflanze im April und Mai bietet aber eine zusätzliche Möglichkeit für die Voraussage über die Notwendigkeit einer Bekämpfung. Für diesen Zweck sollen im November oder Dezember und im April oder Mai eine gewisse Anzahl von Rapspflanzen auf Larvenbesatz kontrolliert werden. Außerdem sind die Raps- und Rübsenbestände vor der Reife auf das Vorhandensein von Jungkäfern zu überprüfen. Die Ergebnisse ermöglichen dem Warndienst eine Voraussage über die Bekämpfungsnotwendigkeit.

Eine solche Voraussage ist erforderlich, da die Bekämpfung des Rapserdflohes heute durch das Verfahren der **Sameninkrustierung** erfolgt, d. h. vorbeugend durchgeführt wird. Der Samen wird mit lindanhaltigen Inkrustierungsmitteln in den von den Firmen angegebenen Aufwandmengen und Anwendungsweisen behandelt. Durch die Sameninkrustierung mit lindanhaltigen Mitteln werden der Käferfraß durch die Kohlerdflöhe sowie den Rapserdfloh gemindert, der Larvenbefall fast verhindert. Das Verfahren hat sich außerdem zur Bekämpfung des **Kohlgallenrüßlers** (*Ceuthorrhynchus pleurostigma* Marsh.) bewährt (S. 120).

Der Rapserdfloh übersteht extrem kalte Winter nicht. Eine durch milde Winterwitterung begünstigte Massenvermehrung bricht in extrem kalten Wintern zusammen. Auch kalte und niederschlagsreiche Witterung im Spätsommer und Frühherbst, d. h. zur Zeit der Käferzuwanderung, wirkt befallsmindernd.

Es sollte unbedingt vermieden werden, eine Sameninkrustierung Jahr für Jahr durchzuführen, sondern nur dann, wenn mit einem stärkeren Auftreten des

Rapserdflohes zu rechnen ist. Abgesehen davon, daß unnötige Ausgaben vermieden werden können, besteht bei der ständigen Verwendung der Präparate auf der Basis der synthetischen Kontaktinsektizide die Gefahr der Bildung von Resistenz innerhalb der Populationen. Außerdem werden bei gänzlicher Vernichtung der Winterschädlinge von Raps und Rübsen auch wichtige Parasiten der Sommerschädlinge an ihrer Entwicklung verhindert, für die die Winterschädlinge Zwischenwirte sind.

In vielen Rapsanbaugebieten tritt der **Kohlgallenrüßler** (*Ceuthorrhynchus pleurostigma* Marsh.) als Winterschädling stark auf. Seine Larven leben in erbsengroßen Anschwellungen am Wurzelhals der Pflanzen. Auch bei stärkerem Besatz mit Gallen werden die Pflanzen zumeist nicht geschädigt. Da sich jedoch bei milder Winterwitterung die Larven schon sehr zeitig aus den Gallen ausbohren, um sich im Boden zu verpuppen, können bei milder und feuchter Vorfrühjahrswitterung Fäulnisorganismen durch die Ausbohrlöcher eindringen. In solchen Fällen kommt es zum Abfaulen der Pflanzen im Bereich der Gallen. Ein reihenweises Absterben der Pflanzen kennzeichnet diese Schädigung. Der Kohlgallenrüßlerbefall wird durch die Sameninkrustierung fast hundertprozentig verhindert.

Im Frühjahr, etwa zum Zeitpunkt des Beginns des Schossens der Pflanzen erscheint als erster Schädling der **Große Rapsstengelrüßler** (*Ceuthorrhynchus napi* Gyll.), dem sehr bald der etwas kleinere **Gefleckte Kohltriebrüßler** (*C. quadridens* Panz.) folgt. Ersterer legt seine Eier in die Stengel, letzterer in die Blattstiele. Die Larven beider Arten leben im Mark des Stengels.

Der Große Rapsstengelrüßler wird besonders gefährlich. Bei der Entwicklung seiner Eier werden Schadstoffe abgesondert, die Verkrümmungen des Rapsstengels, Triebstauchungen und Hemmungen des Schossens verursachen. Im Bereich der Eiablagestellen platzt das Stengelgewebe zumeist auf. Bei feuchter Witterung dringen hier Fäulniserreger ein. Bei frühzeitiger Eiablage kann das Schossen der Pflanzen verhindert werden. *C. napi* wird in den südlichen und mittleren Bezirken der DDR sehr gefährlich. *C. quadridens* ist im gesamten Rapsanbaugebiet verbreitet, die Ansichten über seine

Abb. 23: Durch den Großen Rapsstengelrüßler geschädigte Rapspflanze

Bedeutung gehen noch auseinander. Beide Käfer können durch Stäubungen mit synthetischen Kontaktinsektiziden bekämpft werden. Die Behandlungen erfolgen zu den vom Pflanzenschutzwarndient angegebenen Terminen.

Sobald die ersten Knospen erscheinen, finden sich die **Rapsglanzkäfer** (*Meligethes*-Arten) ein. Als Rapsschädling galt lange Zeit nur *Meligethes aeneus* F. Inzwischen konnte nachgewiesen werden, daß insgesamt 10 verschiedene *Meligethes*-Arten den Raps besiedeln. Die Hauptbedeutung kommt *M. aeneus* zu, neben dem aber noch *M. viridescens* F., *M. coracinus* Strm. und *M. coeruleovirens* Foerst. in größerer Zahl vorhanden sein können.

Die Rapsglanzkäfer schädigen durch den Knospenfraß der Imagines. Da sie Pollenfresser sind, fressen sie sich zunächst in die Knospe ein, die dabei vernichtet wird. Nach dem Aufblühen liegt der Pollen frei. Die Käfer schädigen dann nicht mehr, sie werden sogar nützlich, weil sie mit an der Blütenbestäubung beteiligt sind. Ihre Larven leben in den offenen Blüten und richten dort zumeist keinen Schaden an. Nur bei sehr starkem Larvenauftreten gegen Ende der Blütezeit können diese die letzten Blüten an der Sproßspitze vernichten.

Da die Rapsglanzkäfer Knospenschädlinge sind, muß ihre Bekämpfung zur Zeit der Knospenbildung erfolgen. Eine sehr gute Wirkung haben DDT-Präparate, auch Phosphorsäureester können eingesetzt werden. Bei Beginn der Blüte dürfen solche Präparate jedoch nicht mehr verwendet werden, weil sie bienengefährlich sind. Da die Rapsglanzkäfer bei Blühbeginn die Knospen nicht mehr schädigen, ist zu dieser Zeit auch keine Bekämpfung mehr erforderlich. Die Angaben des Pflanzenschutzwarndienstes sind zu beachten.

Kurz vor Beginn der Rapsblüte — zuweilen auch später — fliegt der **Kohlschotenrüßler** (*Ceuthorrhynchus assimilis* Payk.) zu. Er legt seine Eier in die jungen Schoten. Die Larven fressen einzeln in der Schote an den Samenkörnern. Nach Abschluß der Entwicklung verläßt die Larve durch ein selbstgebohrtes Loch die Schote. Äußerlich ist den Schoten der Besatz mit einer Larve nicht anzusehen. Die Schote platzt auch nicht vorzeitig auf.

Im Gegensatz dazu wird durch die Larven der **Kohlschotenmücke** (*Dasyneura brassicae* Winn.) der gesamte Schoteninhalt vernichtet. Die stets von einer größeren Zahl von Larven befallenen Schoten schwellen im Bereich der Befallsstelle an; sie verfärben sich und platzen vor der Reife auf. Dabei werden auch die nicht geschädigten Körner herausgeschleudert. Die Kohlschotenmücke tritt in mehreren Generationen auf, von denen die erste und zumeist auch die zweite dem Winterraps gefährlich werden.

Zunächst bestand die Ansicht, daß die Kohlschotenmücke nur ein Sekundärschädling ist, der zur Eiablage die Fraßstellen anderer Rapsschädlinge oder die Eiablagelöcher des Kohlschotenrüßlers benutzt. Neuere Untersuchungen haben gezeigt, daß die Kohlschotenmücke bei jungen Schoten bis etwa 1 cm Länge in der Lage ist, das Schotengewebe zu durchbohren und die Eier in das Innere der Schote abzulegen, d. h. daß sie auch als Primärschädling Bedeutung hat.

Der Kohlschotenrüßler kann, wenn er bereits vor Blühbeginn auf die Rapsflächen überfliegt mit Phosphorsäureester-Präparaten bekämpft werden. Nach Blühbeginn erfolgt die Bekämpfung zusammen mit der Kohlschotenmücke.

Gegen diese werden insektizide Nebel- und Flugzeugsprühmittel auf DDT-Lindan-Basis seit einigen Jahren mit sehr gutem Erfolg verwendet. Der Einsatz dieser Präparate darf allerdings nur außerhalb der Zeit des Bienenfluges, d. h. in den frühen Morgen- oder späten Abendstunden, erfolgen. Zu dieser Zeit werden auch die Bienen solcher Stöcke nicht gefährdet, die mitten im Rapsfeld stehen. Während des Bienenfluges können Insektizide auf Toxaphen-Basis vom Flugzeug abgesprüht werden.

Am Winterraps kann in Jahren mit warmer und trokkener Sommerwitterung die **Kohlrübenblattwespe** (*Athalia rosae* L.) auftreten. Es handelt sich dann um die dritte Generation dieses Schadinsekts, das normalerweise unter mitteleuropäischen Verhältnissen nur zwei Generationen bildet. Die Kohlrübenblattwespe ist in den Ländern mit kontinentalem Klima ein fast in jedem Jahr auftretender Schädling, im mitteleuropäischem Raum wird sie nur bei warmer Sommer- und Herbstwitterung gefährlich. Sie befällt die Sommerölfrüchte, Sommerraps, Sommerrübsen und Senf. Als Senfschädling ist sie sehr gefürchtet. Ihre zunächst hellgrünen

Junglarven werden kaum beachtet. Die dunkel gefärbten und sehr gefräßigen Altlarven, als „schwarze Pest“ bekannt, können innerhalb kurzer Zeit einen Senfbestand total vernichten. Da das Schadauftreten zumeist in die Blütezeit der Senfpflanzen fällt, müssen die Weisungen des amtlichen Pflanzenschutzdienstes abgewartet werden, weil zur Bekämpfung nur bienenungefährliche Insektizide eingesetzt werden dürfen.

Der ebenfalls als Sommerölfrucht aber auch als Arzneipflanze angebaute **Mohn** kann durch **Bormangel** ähnlich geschädigt werden wie die Rüben (S. 94). Die Pflanzen sterben zur Zeit des Schossens ab. Durch Bordüngung auf Bormangelflächen oder auf kalkhaltigen Böden, in denen die Borverbindungen festgehalten werden, kann dieser nichtparasitären Krankheit vorgebeugt werden.

Die gefährlichste Krankheit des Mohns ist bei uns die **Helminthosporiose.** Sie wird durch den Pilz *Helminthosporium papaveris* Hennig verursacht. Bei Sameninfek-

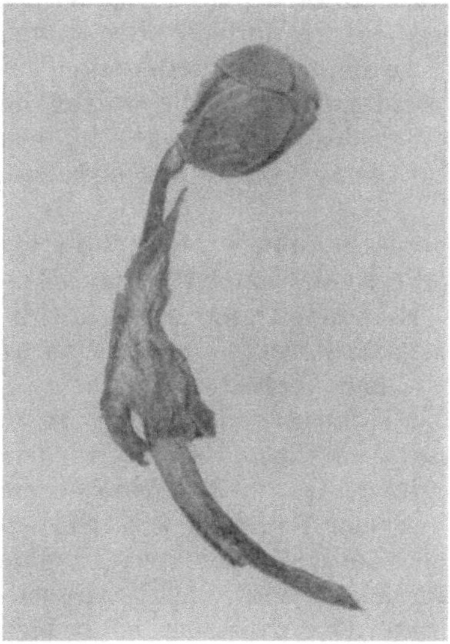

Abb. 24: Durch *Helminthosporium papaveris* geschädigte Mohnkapsel

tion laufen die Pflanzen zwar noch auf, sterben aber sehr bald unter wurzelbrandähnlichen Erscheinungen, das „Abschnüren“ ab. Bei älteren Pflanzen wird etwa zur Blütezeit eine blauschwarze Verfärbung der Stengel in Nähe der Blattansatzstellen beobachtet, die auf die Blätter übergreift. Die infizierten Blätter verdorren. Diese Krankheitserscheinung wird als „parasitäre Blattdürre“ bezeichnet. Da der Pilz bis in die Blütenköpfe vordringt, kommt es zu Verkrüppelungen der Kapseln, die außen blau verfärbt und im Inneren von dem Pilzmyzel durchwachsen sind. Zur Bekämpfung müssen auf jeden Fall alle Ernterückstände vernichtet werden.

Ein mehrstündiges Einlegen des Samens in eine Naßbeizlösung kann die samenübertragbare Krankheit mindern. Das gilt allerdings nur für das „Abschnüren“. Die „parasitäre Blattdürre“ und der Blüten- bzw. Kapselbefall sind zumeist auf eine Spätinfektion zurückzuführen. Der Pilz kann durch die Mohnstengelgallwespe (*Timaspis papaveris* Kieff.) übertragen werden.

Die wichtigsten tierischen Schädlinge des Mohns, der **Mohnwurzelrüßler** (*Stenocarus fuliginosus* Marsch.), der **Mohnkapselrüßler** (*Ceuthorrhynchus macula alba* Hrbst.) und die **Mohngallmücke** (*Dasyneura papaveris* Winn.), denen in Osteuropa eine große Bedeutung zukommt, spielen im deutschen Mohnanbaugebiet nicht die gleiche Rolle, so daß Bekämpfungsmaßnahmen zumeist nicht erforderlich werden.

In der Rindenschicht des Mohnstengels leben die Larven der **Mohnstengelgallwespe** (*Timaspis papaveris* Kieff.). Bei starkem Besatz können die Stengel von oben nach unten absterben. Auf die Bedeutung dieser Blattwespe für die Ausbreitung der Helminthosporiose wurde bereits hingewiesen. Da die Larven im Mohnstengel überwintern, ist es erforderlich, das Mohnstroh rechtzeitig zu vernichten und die Stoppel tief unterzupflügen.

Neben Sommerraps, Sommerrübsen, Senf und Mohn hat der **Lein** oder **Flachs** als Sommerölfrucht und als

Faserpflanze Bedeutung. Zu den wichtigsten Pilzkrankheiten gehört die **Brennfleckenkrankheit** oder **Anthraknose**. Ihr Erreger ist *Colletotrichum lini* Tochin. Der Pilz wird mit dem Samen übertragen. Bei Sameninfektion läuft die Saat gar nicht oder nur vereinzelt auf. Die noch auflaufenden Pflanzen zeigen bereits auf den Keimblättern anfangs glasige, später rötlichbraune Flecke. Solche Pflanzen sterben sehr bald ab. Die Erkrankung älterer Pflanzen ist auf eine später erfolgende Infektion zurückzuführen. Bei Kapselbefall werden die Samen infiziert. Auf Flächen, auf denen brennfleckenkranker Lein gestanden hat, muß eine weitgestellte Fruchtfolge eingehalten werden. Der Leinsamen soll unbedingt gebeizt werden.

Die **Flachswelke** oder **Flachsmüdigkeit** wird durch *Fusarium lini* Boll. und andere *Fusarium*-Arten veranlaßt. Dieser Pilz kann jahrelang im Boden auf sich zersetzenden organischen Substanzen leben. Bei Leinanbau auf verseuchten Böden wird er zum Parasiten. Befallene Pflanzen welken und vertrocknen, weil das Leitgewebe durch den Pilz verstopft wird. Zur vorbeugenden Bekämpfung soll auf als verseucht bekannten Flächen der Leinanbau ebenfalls für eine Reihe von Jahren ausgeschlossen werden. Auch eine Trockenbeizung des Samens wirkt befallsmindernd.

Die ursprünglich in Südamerika beheimatete **Pasmokrankheit**, die durch Infektion mit dem Pilz *Septoria linicola* Gar. verursacht wird, ist heute in allen leinanbauenden Ländern verbreitet. Auch dieser Pilz wird mit dem Samen übertragen, so daß bereits die Jungpflanzen braunfleckig werden und schrumpfen. Noch schossende Pflanzen zeichnen sich durch Stengelkrümmungen aus. Das Wachstum der Pflanzen stockt, die Stengel werden brüchig, erkrankte Blätter vertrocknen, lösen sich aber nicht vom Stengel. Zur Bekämpfung können auch in diesem Fall nur Fruchtwechsel und Trockenbeizung des Samens angeraten werden.

Besonders auffällig ist das Schadbild des **Flachsrostes**, (*Melampsora lini* Desm.), der sich durch anfangs rotgelbe, später schwarze Rostpusteln am Stengel und an den Blättern auszeichnet. Die Krankheit tritt erst im Hochsommer in Erscheinung und wird durch feuchte Witterung begünstigt. Die Teleutosporen des Pilzes (S. 47) überwintern an auf dem Feld verbleibenden Ernterückständen, die daher sorgfältig vernichtet werden müssen.

Die auflaufenden Leinpflanzen sind durch die **Leinerdflöhe** *Aphthona euphorbiae* Schrk. und *Longitarsus parvulus* Payk. gefährdet. Die Keimblätter und die ersten Laubblätter werden siebartig durchlöchert. Bei sehr starkem Befall kann Umbruch der Leinfläche notwendig werden. Die Leinerdflöhe können mit den uns heute zur Verfügung stehenden Insektiziden erfolgreich bekämpft werden.

Ab Mitte Mai bemerkbare Wachstumshemmungen, ein Vergilben sowie Krümmungen der Spitzen und Abfallen der Blüten kennzeichnen eine Schädigung durch den **Leinblasenfuß** (*Thrips linarius* Uz.). Zur Bekämpfung dieses Schädlings sind Präparate auf der Basis der Phosphorsäureester besonders geeignet.

VI. Krankheiten und Schädlinge der Futterpflanzen

Im Futterpflanzenanbau stehen die Maßnahmen der Pflanzenhygiene an erster Stelle. Die Anbauansprüche müssen unbedingt berücksichtigt werden; durch richtige agrotechnische Maßnahmen müssen die Pflanzen gefördert werden. — Chemische Maßnahmen haben weitgehend zurückzutreten. Das gilt nicht nur für Bestände, die zur Grünfutternutzung vorgesehen sind, sondern auch für Flächen zur Heugewinnung und Silage. Werden Behandlungen mit Insektiziden notwendig, so sind die für die einzelnen Präparate entsprechend der in ihnen enthaltenen Wirkstoffe angeordneten Wartezeiten einzuhalten. Durch den Pflanzen noch anhaftende oder in ihnen vorhandene Wirkstoffreste können nicht nur die Tiere, an die behandeltes Grünfutter, Heu oder Silage verfüttert werden, selbst geschädigt werden, auch der Mensch ist gefährdet. Verschiedene Insektizide (DDT, Lindan u. a.) werden in den Tieren gespeichert und gelangen von dort her über das Fleisch oder die Milch in den menschlichen Körper, in dem sie sich ebenfalls anreichern. Bei für Vermehrung angebauten Futterpflanzen ist zur Sicherung des Samenertrages eine Anwendung von Insektiziden nicht immer zu vermeiden. In diesem Fall ist eine Strohverfütterung nur möglich, wenn die für die verwendeten Insektizide vorgeschriebenen Wartezeiten bis zur Ernte abgelaufen sind. Bei starker Vermehrung gefährlicher Schädlinge kann durch vorzeitige Nutzung einem größeren Schaden vorgebeugt werden.

Vor der Neuansaat von mehrjährigen Futterpflanzen muß die vorgesehene Fläche sorgfältig auf Besatz mit **Bodenschädlingen** (Engerlinge, Drahtwürmer, Erdraupen) untersucht werden. Falls erforderlich, sind Behandlungen mit geeigneten Bodeninsektiziden durchzuführen.

Dauerfutterbestände sind günstig für die Vermehrung der **Feldmäuse**, da der Boden für die Anlage der Baue günstig ist, weil sie hier reichlich Nahrung finden und auch im Winter in den Bauen solcher Flächen verbleiben. Ihr Auftreten auf Dauerfutterflächen ist daher sorgfältig zu überwachen. Die Bekämpfung muß nach den Weisungen des amtlichen Pflanzenschutzdienstes erfolgen.

Kleine weiße Flecke, die zunächst an den Blatträndern in Erscheinung treten, und sich später bis zum zweiten Drittel der Blattfläche ausweiten, können das Kennzeichen für die **Weißtüpfeligkeit der Luzerne** sein. Die Ursache ist eine Beschädigung des Wurzelhalses durch Frost. Der Wurzelhals solcher Pflanzen ist braun verfärbt und vermorscht. Eine Weißverfärbung der äußeren Teile der Blattfläche bei gleichzeitigem Einrollen des Blattrandes ist auf **Kälteschäden durch Spät-**

fröste zurückzuführen. — Eine über die Blattspreite verteilte Weißtüpfeligkeit wird durch **Kalimangel** ausgelöst.

Von Kleearten und von Luzerne sind verschiedene **Mosaikviruskrankheiten** bekannt. Die Blätter weisen eine Mosaikscheckung, verbunden mit leichten Kräuselerscheinungen, auf. Sie sind für die Futterleguminosen ohne große Bedeutung. Die Viren werden durch Blattläuse auf einjährige Körnerleguminosen übertragen. Klee- und Luzernebestände sind daher gefährliche Winterreservoire. Das Virus des **Luzernemosaiks** ist auch samenübertragbar. — Eine weitere Virose der Kleearten ist die **Blütenvergrünung des Weißklees**. Die Blüten von Weiß- und Rotklee sind bei infizierten Pflanzen vergrünt und z. T. blättchenartig gestaltet. Das Virus wird durch Zikaden übertragen.

Eine Vermorschung der Pflanzen, deren Wurzelhals zunächst von einem weißen Pilzmyzel später von schwarzen Dauerkörpern (Sklerotien) überzogen ist, zeigen eine Infektion durch den Pilz *Sclerotinia trifoliorum* Eriskss. an. Die Krankheit wird als **Kleekrebs** bezeichnet. Befallene Pflanzen sterben während des Winters ab (Auswinterung). Im Bestand entstehen nesterartige Fehlstellen. Die Sklerotien bleiben im Boden mehrere Jahre lebensfähig. Sie werden auch mit schlecht gereinigtem Saatgut übertragen. Besonders gefährdet sind Rot-, Inkarnat- und Gelbklee. Auf verseuchten Flächen muß der Kleeanbau für mehrere Jahre ausgesetzt werden. Durch Walzen und durch Beweiden werden viele Sklerotien vernichtet. Das Saatgut muß sorgfältig gereinigt werden. — Der **Echte Mehltau** (*Erysiphe martii* Lév.) ruft einen weißen Überzug auf den Blättern kleeartiger Pflanzen hervor. Der Pilz ist mit spezialisierten Formen an die einzelnen Kleearten angepaßt. Die Pflanzenschädigung ist zumeist von geringer Bedeutung, aber eine Verfütterung befallener Pflanzen sollte vermieden werden, da befallenes Laub Gesundheitsstörungen bei unseren Nutztieren verursachen können. – Auch von dem Pilz *Polythrincium trifolii* Kze. befallene Pflanzen sind für unsere Nutztiere, vor allem für Pferde, giftig. Dieser Pilz verursacht die **Kleeschwärze**, die an schwärzlichen, krustenartigen

Abb. 25: Klappenschorf der Luzerne (Bild SCHMIEDEKNECHT)

Flecken auf der Blattunterseite zu erkennen ist. – Weit verbreitet und sehr gefährlich sind die Erreger des **Klappenschorfs des Klees** (*Pseudopeziza trifolii* Fuck.) und des **Klappenschorfs der Luzerne** (*Pseudopeziza medicaginis* Sacc.). Ein Befall der Pflanzen durch diese Pilze wird an runden, braunen Flecken auf der Blattoberseite erkannt. In der Mitte der Flecken werden kleine wachsartige Scheiben gebildet, die Fruchtkörper der Pilze. Stark befallene Blätter fallen bereits vor der Ernte, beim Schnitt oder bei der Trocknung ab. Der

Befallshöhepunkt fällt in den Spätsommer. Feuchte Witterung begünstigt die Pilzentwicklung. Befallene Bestände müssen zum frühest möglichen Erntetermin geschnitten werden, damit ein Blattverlust weitestgehend vermieden wird.

Niedriger und gedrungener Wuchs der Pflanzen sowie Verdickung des Stengels zeigen die **Stockkrankheit** an, die durch Befall der Pflanzen mit dem Stengel- oder Stockälchen (*Ditylenchus dipsaci* Kühn) verursacht wird. Ähnlich wie beim Kleekrebs entstehen durch das Absterben der befallenen Pflanzen nesterartige Bestandslücken. Kleeartige Pflanzen dürfen auf verseuchten Flächen für mindestens sechs Jahre nicht angebaut werden. Da der Nematode auch viele Unkräuter befällt, muß der Unkrautbekämpfung auf verseuchten Flächen besondere Aufmerksamkeit gewidmet werden.

Ein sehr gefährlicher Schädling der Luzerne, in einigen Gebieten auch des Rotklees, ist der **Luzernerüßler** (*Otiorrhynchus ligustici* L.), in der Literatur zumeist noch als Liebstöckelrüßler bezeichnet. Seine Larven leben an den Wurzeln der Wirtspflanzen. Die Entwicklung dauert zwei Jahre. Von Umbruchflächen, in denen sich Jungkäfer befinden, wandern diese ab. Für ihren Ernährungssfraß befressen sie fast alle krautigen Pflanzen. — Nicht weniger Bedeutung kommt dem **Blattrandkäfer** (*Sitona lineatus* L.) zu, dessen Larven sich vornehmlich in den Wurzelknöllchen der Erbsen und Bohnen, aber auch der Kleearten und der Luzerne entwickeln. Nach der Ernte der Erbsen und Bohnen wandern die Käfer im Herbst auf Klee- und Luzernefelder über, überwintern auf diesen und fressen im Frühjahr halbkugelige Kerben in die Luzerne- bzw. Kleeblätter. — Der **Luzerneblattnager** (*Phytonomus variabilis* Hrbst.), ein ca. 5 mm langer, brauner Rüsselkäfer frißt das Blattgewebe zwischen den Blattadern aus. Seine grünlichen Larven führen einen Fensterfraß an den Blättern durch. Sie sind raupenähnlich, aber fußlos. — Die genannten, der Luzerne oder dem Klee schädlich werdenden Käfer können mit den uns heute zur Verfügung stehenden synthetischen Kontaktinsektiziden wirksam bekämpft werden. Da es sich aber um Futterpflanzen handelt, sind die vom amtlichen Pflanzenschutzdienst vorgeschriebenen Karenzzeiten einzuhalten, d. h. eine Verfütterung als Grünpflanze oder im getrockneten Zustand darf nur erfolgen, wenn der Behandlungstermin soweit zurückliegt, wie für die einzelnen Präparate vorgeschrieben ist. Die Abwanderung des fluguntüchtigen Luzernerüßlers von Umbruchflächen kann durch Fangschlitze oder Fanggräben verhindert werden.

Die Luzerne kann durch zwei Gallmücken, die **Orangefarbene Luzernesproßgallmücke** (*Dasyneura ignorata* Wachtl) mit orangerot gefärbten Larven und die **Gelbe Luzernesproßgallmücke** (*Dasyneura lupulinae* Kieff.) mit gelben Larven stark gefährdet werden. Die Larven beider Arten rufen zwiebelförmige Sproßgallen, die der erstgenannten in Sproßwinkeln, die der zweiten an der Triebspitze, hervor. Sowohl die Grünmasse wie der Samenertrag werden herabgesetzt. Durch Vorverlegung des Schnittes können bei Massenbefall die Verluste gemindert werden. — Der wichtigste Schädling für den Luzernesamenanbau ist die **Luzerneblütengallmücke** (*Contarinia medicaginis* Kieff.). Der Luzernesamenertrag wird auch durch ungünstige Witterung, Wanzen, Blasenfüße, Blattläuse u. a. beeinträchtigt, die Luzerneblütengallmücke ist aber einer der wichtigsten Schadfaktoren. Sie legt ihre Eier in die Blütenknospen, die durch die Larven zu zwiebelförmigen Gallen deformiert werden. Die erwachsenen Larven verlassen die Gallen, um sich im Boden zu verpuppen. Die verlassenen Gallen vertrocknen und fallen ab. Von den 3—4 Generationen, die die Gallmücke in einer Vegetationsperiode entwickelt, werden die zweite und z. T. auch die dritte für den Samenanbau gefährlich, weil deren Flugzeiten in das Stadium der Blütenknospenbildung fallen. Luzernevermehrung soll nur auf Böden erfolgen, deren oberste Schicht schnell austrocknet. Im Vermehrungsanbau soll der erste Schnitt vorverlegt werden, damit die Knospenentwicklung des zweiten Aufwuchses vor den Hauptflug der zweiten Generation fällt. Zur Direktbekämpfung kann eine Stäubung mit Insektiziden bei Beginn der Knospenentwicklung mit einer Wiederholung etwa 10 Tage später empfohlen werden.

Der **Serradella** kann der Pilz *Colletotrichum trifolii* B. et E., der die **Stengelbrennerkrankheit** hervorruft, gefährlich werden. Der Pilz wird mit den Gliederhülsen im Saatgut übertragen. Infizierte Jungpflanzen kümmern und sterben ab. Vorn dort her infiziert der Pilz benachbarte Pflanzen, an denen auf Stengeln und Blattstielen bräunliche, langovale Flecke den Befall anzeigen. Später werden auch die Hülsen infiziert, mit deren Gliedern der Pilz in das Saatgut gelangt. Der Grünmasseertrag befallener Bestände wird stark gemindert. Saatgut darf aus stengelbrennerkranken Beständen nicht entnommen werden. Vorbeugend ist das Saatgut mit quecksilberhaltigen Naßbeizmitteln zu beizen. Auch eine Verschiebung des Aussaattermins bis Mitte Juni führt zu weitestgehend befallsfreien Beständen.

Der **Lupinenanbau** ist durch zwei Virosen und durch mehrere Pilzkrankheiten ernstlich gefährdet. Den tierischen Schädlingen kommt demgegenüber nur eine geringe Bedeutung zu. Schadbilder, wie sie für die Blattrandkäfer als Luzerne- und Kleeschädlinge geschildert wurden (S. 131), werden bei Lupinen nicht durch *Sitona lineatus* sondern durch die nahe verwandten Arten *Sitona griseus* F. und *S. gressorius* F., zwei größere Arten, verursacht. Die Fraßschäden spielen aber nur bei Massenauftreten der genannten Käfer eine Rolle.

Von wesentlich größerer Bedeutung sind die Lupinenvirosen und einige Pilzkrankheiten.

Pflanzen, deren untere Blätter normal groß sind, deren obere Blätter jedoch nur als kleine und schmale Fieder mit mehr oder weniger deutlicher Mosaikfleckung, leichter Kräuselung und starrer Aufwärtsrichtung auffallen, sind viruskrank. Es handelt sich dabei um die als **Schmalblättrigkeit der Lupine** bezeichnete Mosaikkrankheit, die durch das Gelbmosaikvirus der Buschbohne verursacht wird. Die Viren werden durch Blattläuse übertragen; bei der Gelben Lupine ist auch Samenübertragung nachgewiesen worden. — Braune Streifen am Stengel und oft hakenförmige Verkrümmung der Triebspitze zeigen eine Erkrankung durch das Gurkenmosaik-Virus an, die **Lupinenbräune**. Der Stengel erkrankter Pflanzen ist glasig brüchig, die Blatt- und Hülsenstiele knicken nach unten um, der Wurzelhals vermorscht. Die vorzeitig vertrockneten Hülsen werden notreif und liefern nur Schmachtkörner. — Vorbeugend gegen beide Virosen sollen Lupinen nicht in Ortsnähe oder benachbart von anderen Leguminosen angebaut werden.

Die Wurzel angreifende Pilze (*Thielaviopsis basicola* (Berk. et Br.) Ferr. und *Rhizoctonia solani* Kühn) verursachen die **Wurzelbräune der Lupinen**. Beide Pilze sind Wurzelparasiten. Stengelgrund und Wurzel werden unter Braunverfärbung trockenfaul. Da die Infektion vom Boden aus erfolgt, muß der Lupinenanbau auf verseuchten Flächen für mehrere Jahre unterbleiben. Sekundär können *Fusarium*-Arten die erkrankten Pflanzen angreifen. — Andere *Fusarium*-Arten sind Primärparasiten. So tötet z. B. *Fusarium oxysporum* Schl. die Pflanzen ab. Dieser Pilz wuchert in den Gefäßen, die braun verfärbt werden. Die Erkrankung ist als **Welkekrankheit der Lupinen** bekannt. Die Infektion erfolgt vom Boden her, Saatgutübertragung ist möglich. Saatgutbeizung ist unbedingt erforderlich. Besonders anfällig ist die Gelbe Lupine.

Literatur

DECKER, H., Pflanzenparasitäre Nematoden und ihre Bekämpfung, VEB Deutscher Landwirtschaftsverlag Berlin, 1963.

FRIESE, G., Insekten, Meyers Taschenlexikon, VEB Bibliographisches Institut Leipzig, 1964.

FRITZSCHE, R., Pflanzenschädlinge Bd. 3 Milben, Neumann-Verlag Radebeul, 1964.

HEINZE, K., Die Schädlinge, Krankheiten und Schädigungen unserer Hackfrüchte, Duncker und Humblot Berlin, 1953.

HEY, A., Für die Saatenanerkennung bedeutsame Krankheiten und Schädlinge der landwirtschaftlichen Kulturpflanzen, Neumann-Verlag Radebeul, 1957.

HUBERT, K., in: KLINKOWSKI, MÜHLE und REINMUTH

JASCHIK, M., Schutz der Ernte, VEB Deutscher Zentralverlag Berlin, 1960.

KLINKOWSKI, M., Pflanzliche Virologie Bd. 1 u. 2 Akademie-Verlag Berlin, 1958.

KLINKOWSKI, M., und LEHMANN, H., Kranke Luzerne, J. Neumann Neudamm, 1937.

KLINKOWSKI, M., MÜHLE, E., und REINMUTH, E., Phytopathologie und Pflanzenschutz Bd. 1, Akademie-Verlag Berlin, 1965.

MASURAT, G., Anleitungen für die Mitarbeiter des Warndienstes im Pflanzenschutz, 2. Aufl., DAL Berlin 1962.

MÜHLE, E., in: KLINKOWSKI, MÜHLE und REINMUTH

MÜLLER, F. P., Die wissenschaftlichen Namen von wirtschaftlich wichtigen Blattläusen der Landwirtschaft und des Gartenbaues, Nachrichtenbl. Dt. Pflanzenschutzdienst Berlin n. F. **15**, 46—53, 1961.

NOLTE, H.-W., Krankheiten und Schädlinge der Ölfrüchte, 2.Aufl., Neumann-Verlag Radebeul, 1953.

SCHICK, R., und KLINKOWSKI, M., Die Kartoffel — Ein Handbuch, Bd. II, Deutscher Landwirtschaftsverlag Berlin, 1962.

Schmelzer, K., Lehmann, W. und Naumann, K., Pflanzenschutz im Kartoffelbau, Gesellschaft zur Verbreitung wissenschaftlicher Kenntnisse – Bezirksvorstand Halle, 1963.

Schmidt, M., Pflanzenschutz im Gartenbau, WTB Akademie-Verlag Berlin, 1964.

Schmidt, M., Landwirtschaftlicher Pflanzenschutz 2. Aufl., Deutscher Bauernverlag Berlin, 1965.

Tielecke, H., Pflanzenschutzmittel, WTB 2. Aufl., Akademie-Verlag Berlin 1967.

Aus der Neuen Brehmbücherei, Wittenberg:

Frauenstein, K., Falsche Mehltaupilze, 1959,
Kämpfe, L., Rüben- und Kartoffelälchen, 1952,
Mühle, E., Vom Mutterkorn, 1953,
Mühle, E., Rostpilze, 1956,
Mühle, E., Brandpilze, 1958,
Müller, F. P., Blattläuse, 1955,
Nolte, H.-W., Käfer bedrohen den Raps, 1954,
Zander, R., Schmarotzende Pflanzen, 1953.

Gesetzliche Bestimmungen

Gesetz zum Schutze der Kultur- und Nutzpflanzen Gesetzbl. DDR 1953
Dritte Durchführungsbestimmung Gesetzbl. DDR 1954,
Fünfte Durchführungsbestimmung Gesetzbl. DDR 1954,
Siebente Durchführungsbestimmung Gesetzbl. DDR 1954,
Zehnte Durchführungsbestimmung Gesetzbl. DDR 1959,
Elfte Durchführungsbestimmung Gesetzbl. DDR 1960,
Sechzehnte Durchführungsbestimmung Gesetzbl. DDR 1963.

Sachverzeichnis

In der gleichen Reihe erschien:

HANS TIELECKE

Pflanzenschutzmittel

2., überarbeitete Auflage
etwa 173 Seiten – 8,– MDN

Aus einer Besprechung zur 1. Auflage:

„Verf. gibt in seinem Buch allen Interessenten eine Übersicht über die im praktischen Pflanzenschutz bereits angewandten biologisch aktiven Stoffe. ... Eingangs wird über Wirkstoffe im allgemeinen und ihre Zubereitungsformen berichtet und in den folgenden Kapiteln über Fungizide, Insektizide, Akarizide, Nematizide, Rodentizide, Molluskizide, Mittel gegen Schadvögel und Wildschäden und Herbizide. Zu jeder Wirkstoffgruppe werden Angaben über Fragen und Probleme gemacht, wie Struktur des Wirkstoffes, Wirkungsweise, Anwendungsmöglichkeit, Toxizität für Warmblütler, Toxizität für Bienen, Karenzzeit ...
Man kann mit Recht sagen, daß dieses Taschenbuch nicht nur für den Pflanzenschutzfachmann von Interesse sein wird, sondern auch denen, die nicht auf dem Gebiet des Pflanzenschutzes tätig sind, sich jedoch für dieses Fachgebiet interessieren, die Möglichkeit geben wird, sich schnellstens einen Überblick zu verschaffen."

Zentralblatt für Bakteriologie, Jena

Bestellungen durch eine Buchhandlung erbeten

THEORIA CUM PRAXI

AKADEMIE-VERLAG · BERLIN

Der Autor

- **wendet sich mit diesem Band an den Praktiker in der Landwirtschaft und will ihm helfen, sich über die wichtigsten Krankheiten und Schädlinge der landwirtschaftlichen Kulturpflanzen sowie über die Möglichkeiten ihrer Bekämpfung zu orientieren**

- **gibt einen allgemeinen Überblick über die pflanzenschädlichen Bakterien, Pilze, Viren und tierischen Schädlinge**

- **behandelt die Krankheiten und Schädlinge der Getreidearten, des Maises, der Kartoffel, der Zucker- und Futterrüben, der Ölfrüchte und der Futterpflanzen**

WISSENSCHAFTLICHE TASCHENBÜCHER